U0060006

大都會文化
METROPOLITAN CULTURE

大都會文化
METROPOLITAN CULTURE

智取

商場上一定要知道的55件事

勝者，施謀用智，事半功倍；敗者，計窮智短，事倍功半。

孫廣春◎著

序

這是一本教你在商場上立足的書，也是一本教你創業之後有人脈也有朋友的書。

兩個人做直銷，一個下線一個接一個，一個親友紛紛躲避；

兩個人採購，一個價格好說，一個殺價不成還撕破臉；

兩個人開店，一個生意興隆，一個冷冷清清；

兩個人當老闆，一個員工死心塌地，一個員工百般嫌惡。

一樣是兩通行銷電話，一個人順利賣出商品，一個人被來電拒接；

一樣是徹夜應酬，一方攻破另一方心防，一方完全撤守。

一樣努力認真，一個人備受重視，一個人受盡冷落。

不能追求成功、不能編織夢想嗎？

創業失敗的例子比比皆是，但現實生活的殘酷，職場生態的無奈，又逼得你不得不往更遠的未來思考，規劃可長可久的人生。不可否認，在這個社會上，真正白手起家而成功富有的人，幾乎都是創業而來，要獲取更大的成就，創業是唯一必經之路，這並不是不可能，而是要靠「智取」。

在商場上立足，創業，建立人脈，光有一張好人卡是不夠的，光是會做人是不足的，你需要更高的人際智慧，管理公司職員的智慧、與客戶建立關係的智慧、與親朋好友金錢往來的智慧。

此時此刻，這本書要成為領你入行的商場導師，告訴你你一定要知道的《說服術》、《請託術》、《誘導術》、《決勝術》、《設防術》，幫助你早一步設想未來可能發生的人際問題，預先做好面對各種人際場合、各方人物的準備。當你做足了準備，擺脫稚氣與生嫩，漸漸成熟而不世故，你將不再會孤立無援，你的努力得以發揮最大的作用，影響你的親友、同事、員工、上司、客戶、廠商，在你實現夢想的路上陪伴你，共同祝福你邁向成功。

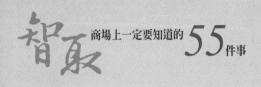

Part 1 商場上一定要知道的說服術

Part 2 商場上一定要知道的請託術

Part 3

商場上一定要知道的誘導術

Part 4 商場上一定要知道的決勝術

Part 5 商場上一定要知道的設防術

第一篇

商場上一定要知道的說服術

一句充滿人情味的請求話，
比通盤大道理更有說服力。

rule 1 為對方設想，滿足對方

需要別人幫忙，就要先滿足別人的某些需要。

約翰．H．詹森那時很窮，雖然胸懷大志，卻非常害怕失敗，而且，他也實在已走投無路。詹森需要五百美元的資本，以創辦新雜誌《黑人文摘》。他夢想實現在望，甚至已可聞到成功氣味；然而，似乎又距離遙遠。在一九四二年，五百美元可是一筆大錢，而對他這個在阿肯色州貧寒家庭長大的人來說，更是一個可觀的數目。

於是，他做了一件在那年頭前所未聞的事，前往芝加哥一家大銀行，要求貸款五百美元創辦生意。接見他的人是裏理的助理，他對詹森大笑說：「我們不貸款給黑人。」

詹森頓時怒火中燒，可是，他深知，事成之前不能動怒，頭腦要冷靜、靈活，必須化戾氣為祥和。於是詹森直視著這位助理，問道：「在這個鎮上有什麼機構能貸款給黑人呢？」

「我只知道有一家，」他望著詹森，對詹森產生新的興趣，「是市民貸款公司。」

詹森問他在市民貸款公司裡有沒有熟人，他告訴詹森一個名字。

「我可以說是你介紹我來的嗎？」

他對詹森瞧了一會，然後說：「當然可以。」

市民貸款公司的銀行員說：「我們可以給你一筆貸款，但是必須有抵押品，譬如說房子或者其他你可用作擔保的資產。」

他沒有房子，可是母親買某件傢俱時他曾經幫過她。他要求母親讓他用傢俱作爲抵押品。於是，他憑著母親的傢俱借來了五百美元，創辦了《黑人文摘》。而隨著這份雜誌創刊號誕生的詹森出版公司，今天已發展成爲兩億美元資產的世界最大非裔美國人出版王國。

詹森的成功秘訣很簡單。他很幸運，時間既配合得好，又肯勤奮努力。同時，他也相信事情的發展必然有利於那些有膽識、肯苦幹而又有準備的人。

這樣的事如今還能做得到嗎？你還能以五百美元開始，建造一個資產總值兩億美元的王國嗎？機會正如同這個世界一樣廣大。不過，一開始就想發財是錯誤的。最好是把成功看作許多小步；每次你完成了一步，都會得到信心而繼續前進。

詹森當初創業是怎樣採取他的步驟的呢？在他早年做推銷員的時候，他只要求那些可能成為顧客的人給他五分鐘時間。如果你能進得了門，說得有道理，對方很可能會讓你說完，哪怕要花一個鐘頭。如果他不感興趣，耽擱他五分鐘也就夠了。

不論詹森對主顧能花多少時間，他的陳述永遠都根據三項屢試不爽的原則。

第一，投其所好。

你和你的顧客可能在許多問題上有不同的看法，但是你遊說他時你所要強調的，是你們的共同價值觀念、希望和抱負。

第二，攻其要害。

第三，動其心弦。

有些事能夠打動任何一個人的心，使他答應你的要求。這種事也許與商業無關。它可能是一種夢想，一個希望，或是對一個人或一件事的承諾。

如果你想要別人滿足你的需要，把你的事情做好，那你必須先找出他需要的是什麼，以後使他在符合他自己利益的情況下促進你的利益，先爲對方設想，這就是原則。

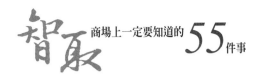

rule 2 準備充足，攻守自如

執行一件事之前沒有準備，就像打仗沒有帶槍一樣。

牟先生五十多歲，一位很現代的中國人，是一家合資公司的總經理兼總工程師。他長年與外商打交道，尤其是與許多日本商人關係很好。他曾談起與一位日本商人的交往，那位商人姓松本，是日本一家極有名的大公司的總裁，很富有。

牟先生第一次見到松本是在談判桌上，那是一次相當艱苦的談判，雙方都知道，僅僅一兩次的晤面是不可能簽訂合約的。

第一次談判進行得很融洽，因爲雙方都沒有談什麼實質性的內容。他們只是相互介紹、相互認識、相互表示合作的誠意。和松本一起坐在談判桌前的還有另外幾位日本人。牟先生注意到，他們當中有的人自始至終埋頭記錄，有的人參與會談，有的人則一句話不說地坐在那裡不斷地將目光從一個中國人的臉上轉移到另一個中國人的臉上，弄得牟先生等中國商人感覺莫名其妙。松本在整個談話過程中不斷地講他對中國的友好，只是偶爾拐彎抹角地涉及幾句具體業務，又馬上將話題移開。會談結束的時候，松本請每一位在場的中國人爲他留幾句話作爲他來中國的紀念，包括牟先生在內的所有中國人都爲他對中國的友好所打動。

中午，中方請日本人吃了頓海鮮。當天晚上，松本回請參加談判的中國人共進晚餐，飯後又去一間卡拉OK歌廳玩到很晚。牟先生注意到，在晚餐和唱歌的時候，每一個日本人都和一個固定的中國人一直在一起，黏得緊緊的，談笑風生，關係似乎很融洽。而松本則是一直不離他的左右。松本精通漢語，和牟先生從中國的瓷器談到字畫，從古到今，道地的一個中國通。牟先生本人的閱歷也很豐富，當過演員、從師名家學過繪畫、當過兵、又是大學歷史系的畢業生。松本說什麼，他也能接著話題談什麼，兩個人都談得很高興，一種朋友之情便在他們相識的第一天建立起來了。當天晚上，牟先生回到家對妻子說：「這些日本人很好。」

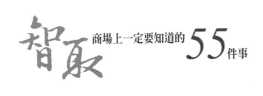

隔天早晨，中方談判代表湊在一起，都說：「這些日本人不錯，對中國很友好。」牟先生畢竟是一個高明的商人，當他聽到每個人都這麼說的時候，他的心突然間顫動了一下，一種不妙的感覺湧上他的心頭。

上午九點三十分，約定的談判時間。中方人員從九點起便陸陸續續進了談判室，這是牟先生事先的要求，他說：「日本人時間觀念很強，我們不要像自己人開會那樣遲到，早點到等著人家比較禮貌。」

然而，日本人卻並沒有早到，當時鐘敲響九點三十分的時候，日本人在松本的帶領下以職位的高低爲序，排著整齊的縱隊，踏著鐘聲走了進來。

談判開始了。牟先生發現，昨天初次會面時那輕鬆的氣氛一去不復返了，日本人個個神情嚴肅、莊重，全神貫注的樣子。松本更是頭一句話便切入正題，然後步步緊逼，直掏核心問題。有了前一天會談時的輕鬆與隨意，中方的談判人員明顯地無法一下子適應這種變化，都顯得缺少精神準備。牟先生也感到很緊張，盡力調整自己的情緒，以在最短的時間內使自己進入充分的備戰狀態。商場如戰場。久經商場這樣一個殘酷戰場的牟先生自知情形不妙，日方的攻勢明顯地遠遠強於中方，而且已經直掏核心問題，大有當即就要奪下總部的氣勢。松本的每一句話顯然都是經過深思熟慮的了，字字擲地有聲，句句讓中方措手不及。他旁邊的助手還不斷地把各種文檔遞上，松本掃上一眼，引經據典，愈戰愈強。在這樣一種情況下，一句話的說出，任何一個態度的表示，任何哪怕是極細微條件的失誤，都可能帶來無法挽回的嚴重後果。牟先生立即採取了緩兵之術，想把這場談判拖住，套住。然而，很難，松本好像看透了他的目的，絲毫也不放鬆。拿出一副當天便要結束談判，簽訂合約的架勢。牟先生越發感到不妙，心說：要壞事。無奈中，只得拿出看家手法，表示一些事情還要請示上司。

松本瞪大了眼睛：「您不就是總經理嗎？」

牟先生故作輕鬆地笑著說：「松本先生對中國瞭若指掌，怎麼忘了我這個總經理還得聽局領導的指揮呢？」

松本無語。約定談判在隔天繼續進行。

隔天談判依然進行得很艱苦，牟先生真正領教了日本人的厲害，那叫「寸土必爭，寸利必奪」。日本人對他公司裡的一切都知道得一清二楚，包括他自己早已忘記了的一些細小的往事，也讓日本人拿出來作爲說明他們對公司看法的佐證。彷彿這些日本人不是剛來中國幾天，而是從牟先生這家公司創辦之日起便一直在這裡工作，或稱之爲一直在這裡作「密探」。牟先生好生奇怪，這些日本人怎麼會知道這麼多？知道的又這麼詳細呢？直到松本提及牟先生曾經做演員的經歷以說明他們相信牟先生是位多才多藝的人才時，牟先生才心頭一驚，這一點是他自己在第一天相見時晚上在歌廳閒聊時告訴松本的。但他怎麼也沒有想到，竟被松本用到了談判桌上，好在這不是一項可以構成對公司不利的「洩密」，牟先生的眼前又浮現出初次見面那天晚飯時和在歌廳裡每個日本人都緊黏一個中國人的場面，他恍然間似有所悟。

談判整整進行了七天，這是牟先生做得最艱苦的一筆生意，也是他做得最滿意的一筆生意。七天間，他克服了重重困難，終於沒有讓松本占去一點便宜。松本對這次談判的結果也十分滿意，他知道，自己遇到的是一位好對手，也是一位好的合作夥伴，合約對於雙方來講都是公正的。

合約簽訂之後，松本誠心誠意地向牟先生深鞠一躬，又握住牟先生的手，說：「您是我遇到的最優秀的中國人，我相信和您合作一定前景廣闊。我放心。」牟先生說：「您也使我認識了日本民族的經商能力，佩服，佩服！」

那以後，牟先生和松本的往來變得密切起來。松本投資，在中國建設了一家企業，由松本的長子和牟先生共同管理。松本自己也常來中國，每次來必到牟先生家作客，兩個人漸漸成了朋友。一個偶然的機會，兩個不同國籍的朋友坐在一起談天，談到了他們的初識，談到了那次艱苦的談判。

牟先生說：「你眞夠高明的呀，讓你的人一個個盯住我們的人，套我們的資訊。」

松本哈哈一笑，說：「這還不是我們最了不起的地方。你知道嗎，我們第一次談判時之所以那樣輕鬆，不討論正題是我有意安排的。」

牟先生說：「哦？我還眞看不透你的動機，能說說嗎？」

事情已經過去好幾年了，牟先生和松本又成了好朋友，所以松本也沒有什麼忌諱的，便將自己當年談判時的計謀和盤托出。牟先生雖也是商界老手、還是聽得瞪大了眼睛，連歎見識短淺。

由於在談判之前，松本等日本商人對牟先生及其公司了解甚少，便決定採取先鬆後緊的戰略。具體做法是在初次見面時故意不談合作問題，給中方一種鬆懈的感覺，使他們放鬆警惕。同時在一些看似閒聊的談話中側面了解中方公司及其意圖。在談判團裡，特意請來一位日本有名的性格分析專家，這就是那位牟先生曾注意到的總是把目光從一個人臉上移到另一個人臉上的日本人，當中日雙方人員談話時，他便在一邊觀察、分析著每個中國談判人員的性格。談判結束後，松本讓每位中國人給他寫一句贈言留念，也是爲了給這位性格專家作筆跡分析用的。

在當天的晚飯和飯後歌廳裡的閒聊時，一個日本人盯準一個中國人，也是爲了一方面了解他們的性格，一方面了解這家中國公司。這些來談判的日本人，都是松本公司中久經談判場面的老將，其中一人還是每天專門做談判問題研究、分析的人才。養兵千日，用兵一時，這些談判高手這天都派上了用場。

講究效率的日本人不會打無準備之仗，但當時機一旦成熟，他們的工作效率是驚人的。那天從歌廳出來之後，所有的中國人都回家休息了，日本人卻回到賓館連夜開會，通宵達旦，一夜未睡。性格分析專家已經將一份寫得清清楚楚的每一個中方談判代表的性格分析交給松本，同時另外每一個日本人也都以極快速度寫出了他們了解到的關於中國公司的一切。松本要求這一切都落在紙上，絕對不能僅僅是口頭上的分析和敘述。即使是十三乘二這樣簡單的算術題，在松本的公司裡，他也要求每一個職員都要親自在紙上演算一遍，這便是日本人的風格。

每個人了解的情況都擺在了大家面前，這些情況又被每個人所熟悉了。於是，便開始重新策劃談判策略，具體到每一句話的措辭。一直到清晨七點，緊張地思索了一個通宵的日本人才去稍作休息，緊接著便趕到談判會場，給那些仍沉醉在中日友好氣氛中的中國人一個措手不及。

牟先生徹底服了！

rule 3 掌握主導權，穩中求勝

沒有把握的事不要亂承辦，一旦有了把握也不能把時間耽誤。

因FP品牌貨車品質的嚴重爭議，日本S公司代表應中國外貿代表之邀，飛抵北京會談。會談要點有二：一、直接經濟損失爭議，中方認爲已達九點五億日元，日方認爲只有五點八億日元；二、間接經濟損失爭議，中方認爲不低於七十六億日元，日方代表認爲不高於三十億日元。看法相左，爭議甚大，雙方代表商定先共同取證。

開談，中方主談首先發言，介紹FP品牌符貨車的異常損壞情況，簡述中國各地用戶的反映，但卻隻字不提索賠金額，把直接經濟損失的「首先認定」留給了日方。日方主談本是久經沙場的老手，但對中方主談引而不發的特殊切入方式實感陌生，不由刮目相看，於是故作爽快地說：「我們承認FP品牌貨車出現損壞，有的輪胎、擋風玻璃裂碎，有的電路故障、鉚釘震斷，有的車架偶出裂紋，對此我方表示深深的遺憾。」態度似乎誠懇，用詞卻十分謹慎，在「有的」、「偶出」一類模糊語彙下金蟬脫殼，對誰該承擔損失卻半句不說。

中方代表事先料到日方會避重就輕，但沒有想到對手如此推敲談判用語，更沒有預計日方竟然在談判伊始就狡猾地推卸責任。事已如此，必須打斷對方的思路，改變其思維方式，更換其思維節奏，迅速讓他們陷入快速接收、認知、分辨資訊刺激的疲勞。於是，中方主談突然氣勢連貫地說：

「三位代表到過現場，看過實物，親眼目睹了商檢部門的鑒定，完全知道鉚釘不是『震斷』而是剪痕！車架不是『裂紋』而是裂縫，斷裂。所有這些，不是用『有的』、『偶出』可以解釋的，應該並且必須用精確的資料、嚴格的專業術語作準確、科學的表述。」

中方代表突如其來的談判氣度，一氣呵成的談話內容，頓使日方代表聚精會神傾聽，竭盡全力理解分析，快速構想應對語言。

爲避免無謂糾纏，中方主談抽出一份文件，笑容可掬地說：「這是商檢證書，我還帶來廠商檢機關的檢驗錄影，貴方如有疑問 」

「不，不，本公司對商檢結論沒有異議，只是希望貴國適當作出讓步。」日方領隊知道老路不通，索性主動承認事實、承攬直接經濟損失，以求換得中方的好感，使中方在索賠金額上不致過分嚴苛。

第二輪談判如期開談，議題是直接經濟損失的計算。行罷各種禮儀，中方主談不緊不慢地發問：「請問S公司對每輛壞車支付多少修理費用?總計金額是多少？」

「每輛十萬日元，總計五點八四億日元。請教貴國報價多少？」日方主談胸有成竹地防守反擊。

「每輛十六萬日元，總計九點五億日元。」中方主談斬釘截鐵地說。

日方主談淡然一笑，與助手耳語幾句之後追問：「請問貴國報價的依據何在？」

精通測算、擅長統計的中方助談隨即取出一疊表格，報出每輛貨車的損壞部位、需維修、加固的工時與單價。中方助談強調道：「我方的報價是不高的。貴公司若認爲不合算，可以把壞車運回日本修理，也可以派員來中國修理加固，只是所需費用將是我方報價的數倍。」

對於金額數以億計的索賠談判，中方代表竟要從每一個細小零件的價錢算起，完全出乎S公司代表的意料之外，簡直無法理解。他們手頭雖有損壞細目的清單，卻從未算過，況且一天的休談時間，想算也算不過來。心煩意亂的日方主談不想再受繁瑣數字的折磨，急切而又一語雙關地問道：「貴國能否將報價降低一些？」

爲不使談判陷於僵局，中方領隊語氣和緩地發言了：「我們是有誠意的，可以接受你們的請求，但也希望你們出個合理的價格。」

「每輛十二萬日元。」日方主談想儘快拍板。

「十三點四萬日元如何？」中方主談大度地壓下自己的開盤。

「行！」日方領隊當機立斷，認爲支付七點七六億日元，卸掉直接經濟損失的重負是值得的，於是相約三天後再談間接經濟損失。

日方代表認爲前兩輪談判儘管費心費力，依然處處被動，連連失利，假若第三輪談判還不能出奇制勝，可眞是滿盤皆輸！而且第三輪談判實在輸不起，動輒幾十億日元啊。最後決定「以子之矛攻子之盾」，用中方的計價方式對付中方的報價。

第三輪談判一開始，日方主談不待中方代表開口，便流利地報出每項間接經濟損失的統計資料。他逐條細算，在間歇中不忘掃視中方代表的神色，以示每筆金額不容置疑。報完細帳之後，他提高嗓音說：「本公司同意支付三十億日元。」

中方領隊不露聲色，認眞傾聽，助談迅速記錄，主談仔細捉摸。一待日方報帳完畢便侃侃而談，先說S公司計算間接經濟損失的方式，再說中國的計算辦法，在比較之中指出：只有採用國際通行的做法，才能彌合雙方分歧。講罷道理，中方助談又伶俐地報出各國精確價格以及中方的參考係數，然後把總價開出：「間接損失金額應爲七十億日元。」

四天以後，談判重開。各方堅守報價，不肯越雷池一步。談判廳的氣氛從白熱化驟然降到了冰點。中方領隊只得再次鬆動談判局勢：「如果貴公司有協商的誠意，讓我們雙方共同作出讓步。」

「本公司同意支付四十億日元，這是最高限額。」日方代表說。

「我們希望貴公司最低賠償六十億日元。」中方代表答道。

第三回合的談判已失去了火藥味，全在客氣、禮貌的軟拖硬磨中行進。S公司代表抱定宗旨，只待時間過去大半之後再作讓步，報價四十五億日元，等待中方報罷讓步報盤後，再做第四回合的打算。孰料中方領隊不想無謂地周旋下去，決計要按預定計劃發起突擊，乾脆俐落地結束談判。中方主談轉對日方代表說：「連日談判很是辛苦，我想提一個雙方都能接受的方案，結束談判。我們何不把彼此的報價相加除二，取個平均數呢？」

日方主談屈指一算，五十億日元，恰好是雙方下一回合的報價。於是領隊立即拍板：「本公司同意賠償間接經濟損失費用五十億日元。」

中方代表伸手相握，祝賀雙方達成協定。

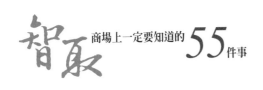

rule 4 先下手為強

生活中往往有這樣的事情：作了全部的努力，但勝負卻尚未可知，因為決定權不在自己的手裡。

某一年九月底，正在德國考察的天津市技術改造辦公室的主任從一位來訪的德國朋友那裡得知，有家「能達普」摩托車廠倒閉了。中方立即向該廠表示，準備買下這個廠，但需回國後研究確定，一周之內，必有回言。與此同時，印度、伊朗等幾個國家的商人也準備購買該廠。

回國後，天津市政府領導拍板決定購買「能達普」廠的全部設備和技術，並立即通知德方。隨即組成專家團，準備赴德進行全面技術考察，商談購買事宜。就在這時，聯繫人從德國發來急電，伊朗人搶先一步，已簽署了購買「能達普」的合約，合約上規定付款期限爲十月二十四日，如果二十四日下午三時，伊朗匯款不到，合約便告失效。

事情有點猝不及防。天津市領導分析了整個情況後認爲，國際貿易競爭中也存在偶然因素，雖然伊朗商人在簽定合約方面搶先，但能否付款尚屬懸案。如果伊朗方面逾期付款，中方還有爭取主動的機會。十月二十二日上午十時，天津市作出決定，立即派團出國，從伊朗人手中搶回這條生產線。代表團用十一個小時完成了要辦十五天的出國手續，十月二十三日，飛到了慕尼黑。他們立即與德方聯繫。十月二十四日下午三時，當打聽到伊朗方面款項尚未入帳的消息時，中國代表成員立即奔赴「能達普」摩托車廠。中國人的突然出現，德方人員甚感吃驚。慕尼黑市債權委員會主管倒閉企業事務的米勒先生面帶笑容地接待了中國代表團。他說：「伊朗商人因來不及籌款已提出延期合約的要求。如果你們要購買，請現在就談判簽訂合約。」原來，債權委員會已規定，「能達普」的財產必須於十月三十日前出售完畢，以保證債權人的利益。如果逾期，將被迫拍賣，就是把全部固定資產拆散零賣，不僅使廠方蒙受巨大經濟損失，而且使這個有六十七年歷史的、生產名牌產品的廠化爲烏有。中方意識到對方急於出賣的迫切心理，但又不能做出太衝動買下外國設備的蠢事。經過幾個回合的交涉，終於達成了中國專家先進行全面技術考察後再談判的協定。

二十五日早晨，中國專家來到「能達普」廠，對全廠的設備、機械性能、工藝流程進行全面考察，最終結論是：該廠設備先進，買下全部設備非常划算。二十五日下午二時整，合約談判在中國專家駐地正式舉行。經過緊張的討價還價，在次日凌晨簽訂了合約。天津專家團以一千六百萬馬克（合五百多萬美元）的價格，買下了「能達普」廠的兩千兩百二十九台設備和全套技術軟體。後來得知，這個價格比伊朗商人所要支付的價格低兩百萬馬克，比另一些競爭對手準備支付的價格低五百萬馬克。

rule 5 向競爭對手施壓

不給對手壓力，對手還以為你好欺負。

平等互利、信守合約是阿拉伯商人與外國商人合作的原則。隨著中東石油的大發現，大量的外國商人迅速湧入阿拉伯國家，於是怎樣和外國商人友好合作就成了困擾阿拉伯商人的難題。

卡塔爾大商人達維希就是阿拉伯商人的代表，他在與合作夥伴相處時表現出來的自尊和機智令人折服。儘管當時卡塔爾還十分貧困，但他從未在傲氣十足的西方商人面前表現出奴顏婢膝的態度。他與合作夥伴平等相處，並以卓越的辦事才華征服了西方商人。

其實，儘管西方商人覺得達維希不像一般商人那樣「聽話」，但由於他在阿拉伯商界很有威望，所以有事還得請他幫忙。在西方商人投資興建一座油田時，由於面臨「水荒」差點停工，他就從巴林運來了淡水，以比石油貴的價格賣給西方石油公司。對手儘管心存不滿，也不得不「先喝水要緊」。

在原則問題上，達維希做事從不讓步。五〇年代，他簡直成了政府的「石油大臣」，與西方公司的所有事務由他一手操辦。他曾與卡塔爾石油公司談判，要求以利潤平分取代以往不平等的石油開採銷售制度。一位卡塔爾石油公司的負責人說：「他的工作似乎就是日復一日地向我們施壓，從我們身上摳錢。有一天，他忽然提出要求我們在一座港灣上建設檢疫設施。我們愣了好久沒弄明白這是怎樣一回事，結果他拿出了雙方簽訂的合約，指出我們必須按合約要求修建檢疫設施，並且永久性支付費用。我們自然不同意，談判進行了近一個月，我們不得不讓步，許多事就是這樣了結的。」達維希的原則是始終與對手保持適度緊張狀態。他總是站在民族的立場上，精打細算，謹慎審核，絕不會讓對手佔便宜。

許多人歷來講究和氣生財，因此在合作時常常一團和氣或無原則的讓步。其實，既然雙方是合作夥伴，就應該平等互利，產生矛盾後雙方應本著互諒互讓的態度去解決，一味地同對方讓步，合作很難成功。因此，在合作的開始，雙方都不應礙於情面而相互謙讓，最好的辦法是醜話講在前頭，一旦矛盾激化到忍無可忍時，那就悔之晚矣。合作過程中，也應該像阿拉伯商人一樣，敢於給對手挑刺兒，只有解決了一個個小矛盾，才不可能發生大的衝突。

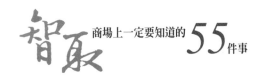

rule 6 雙簧合謀，軟硬夾殺

黑臉也好，白臉也好，都要演得真，扮得像，否則讓對方看出破綻，一點用也沒了，而且還要找對對象或把握好時機，讓對方在不知不覺中鑽入圈套。

雙簧，曲藝的一種，一人表演動作，一人藏在背後或說或唱，互相配合。以後常常比喻一方出面，一方背後操縱的活動。這種方法也常常運用到舌戰之中。作爲舌戰的一種謀略，兩個或兩個以上的人，一個扮黑臉，一個扮白臉，互相配合，互相借力，以此來說服對方。

雙簧謀略往往是精心安排的「一台戲」，事先經過籌畫，再分角色「演唱」。攻心時，一個使硬的，一個來軟的；一個在動情上下功夫，一個在言理上下功夫；一個正面出擊，一個旁敲側擊；一個強攻，一個軟磨；對方在黑臉白臉的夾攻之下，其防線會全面崩潰。

在青少年心理輔導中，採用黑臉白臉的策略，往往可以收到較好的效果。

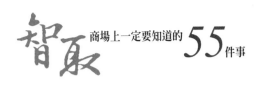

某校訓導主任朱老師曾與派出所的吳警官一起用這種辦法挽救了一名失足青年。張青是朱老師的學生，綽號「座山雕」，他鄰居家自行車和手錶失竊，經檢舉懷疑是張青偷的。派出所的吳警官身穿警服，十分嚴肅，問：「叫什麼名字？昨天下午三點五十分上哪兒去了？爲什麼翹課？」又對他說：「我們已經掌握了情況，之所以還來找你，主要是給你一個機會。你們學校楊小山爲什麼判了五年，不僅僅在於他的罪行，還在於他態度惡劣，無法爭取寬大處理。」

最後對張青說：「今天在辦公室先考慮一個上午，下午我們找你。」

吳警官走後，朱老師馬上找張青談心：「你看，派出所的吳警官爲什麼到學校找你？這是眞正爲了幫助你啊！你父母離婚，媽媽爲了養你，晚上還要去工廠上夜班，你這樣做，對得起你媽媽嗎？現在別急於把你做的壞事告訴我，先仔細想想，想通了，想明白了，再告訴我。我並不是要抓你的把柄。要想人不知，除非己莫爲。我現在要的是你的眞心，要眞正地改過自新，而不是假的。如果要抓你，現在就不這樣與你談了。我有五十多個學生，在你身上下了那麼多功夫，爲了什麼？是要你眞正改正錯誤，你可以對不起我，但不能對不起生你養你爲你吃盡苦頭的媽媽。」

朱老師的一席話，使張青感動得熱淚盈眶。

張青終於交代了偷竊自行車、手錶的事，並表示要改過自新，重新做人。

朱老師和派出所的吳警官從不同側面向張青展開攻心戰。派出所吳警官身著警服，義正辭嚴，顯示了法律的嚴肅性和不可阻擋的威懾力。朱老師的一番話側重感情，從師生情，母子情，展開攻心，這樣一軟一硬，恩威並施，終於攻破了失足青年的心理防線。

黑臉白臉以不同角色同時做一個人的輔導，這兩種角色的互相配合，具有雙重的綜合教育功能。沒有黑臉，感情和道理缺乏制約力；缺少白臉，則缺少情感因素的理智因素。如果黑臉白臉巧妙配合，才能產生巨大的說服力。

黑臉白臉在經濟談判中也很有作用，而且往往會收到好的效果。

黑臉白臉策略，往往先由唱黑臉的人登場，他傲慢無禮，苛刻無比，強硬僵死，讓對手產生極大的反感。然後，唱白臉的人跟著出場，以合情合理的態度對待談判對手，並巧妙地暗示，若談判陷入僵局，那位「壞人」會再度登場。在這種情況下，談判對手一方面由於不願與那位「壞人」再度交手，另一方面迷惑於「好人」的禮遇，而答應「好人」提出的要求。

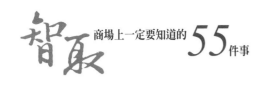

rule 7 鑽對手漏洞，迎頭痛擊

在自己處於不利情況時，要想方設法鑽對方的漏洞，利用對方的缺陷或短處。打擊對方，使自己擺脫困境，變不利為有利。

借刀殺人之計用於商業談判，實質上就是借手於自己外的人、事、物，達到自己的目的。談判高手總是善於利用一切可以利用的機會與條件：借用社會力量（新聞媒體、公眾輿論等）向對方施加壓力；借助法律條文或財經制度規定等駁斥對方的無理要求，維護自己的正當利益；借助他人之言，與對方進一步討價還價，實現談判成功的最終目的。

某出口公司與港商成交一批商品，以價值三十一萬餘美元賣斷，再由其轉口西非。雙方簽訂合約中的包裝條款訂明：均以三夾板箱盛放，每箱淨重十公斤，兩箱一捆，外

套麻包。

該港商如期通過中國銀行香港分行於二月六日開出不可撤銷跟單信用狀。中國出口公司審證發現信用狀的包裝條款與合約有出入，信用狀的包裝條款爲：均以三夾板箱盛放，每箱淨重十公斤，兩箱一捆。沒有要求箱外加套麻包。鑒於信用狀收匯方式應遵循與信用狀嚴格相符的原則，該公司決定貨物包裝以信用狀條款爲據辦理，即只裝箱打捆，不加套麻包。一切有關單據都按信用狀的條款及實際情況繕制。該批貨物共五千捆（一萬箱），於三月十五日裝上海輪運往香港。我出口公司持全套單據交中國銀行上海分行辦理收匯。中國銀行上海分行審核後未提出任何異議，因信用狀付款期限爲提單後六十天，不做押匯，全套單據由中國銀行寄開證行，整個過程並無異常。

貨物出運後的第八天，香港客戶致電中國出口公司聲稱：「茲告發現所有貨物未套麻包，我們的買戶不會接受此種包裝的貨物，請告知你們所願採取的措施。」

中國出口公司次日覆電：「有關貨物，系根據你信用狀規定的如下包裝條款包裝：『均以三夾板箱盛放，每箱淨重十公斤，兩箱一捆』，根據上述規定，我方包裝未套麻包。鑑此，我方不能承擔任何責任。」

香港客戶當天立即再來電拒絕中方的答覆，並提出索賠：「我方亦可考慮在香港打包，但每捆須支付三十至三十五港元，尚不包括每箱七港元的倉儲費，請最遲於明天同意這些費用由你們承擔，因這些貨物支配權仍屬你們，並由你們承擔風險。」

次日，即三月二十五日，香港客戶又來電，除重申信用狀包裝條款外，還指出信用狀訂有：「其他均按銷售確認書SG623號」，並聲稱：「因此，你們應按照合約及信用狀詳細規定辦。因合約和信用狀都詳細規定了包裝條款。我們堅持貨物的風險由你們承擔，要求你們確認承擔所有重新打包的費用。」該電結尾中，還進而表示了退貨的主張。顯然，香港客戶利用其提單後六十天遠期付款的有利地位脅迫出口公司接受其賠償要求。

按港商開列的費用清單結算，約折合兩萬餘美元。出口公司認爲客戶的要求，不僅費用損失較大，而且於情於理不合，因此於第二天，即三月二十六日，再次電告香港客戶：「經查核，過去你多次來證均按合約規定在信用狀內列明具體包裝條款，而這次你規定：『均以三夾板箱盛放，每箱淨重十公斤，兩箱一捆』，但未注明『外套麻包』。我們理解爲你對該包裝有特殊要求，故完全按你信用狀規定辦理。至於你上述信用狀內載明，其他詳情均按銷售確認書ＳＧ６２３號辦。因你信用狀已詳細列明包裝條款，故該『其他』字樣，只能理解爲其他交易條款，而不包括包裝條款。據此，我完全按你來證要求辦理。對你上述電傳提出的要求難考慮」。

該電抓住了「ＯＴＨＥＲ」一詞不放，使香港客戶也感到自己有欠缺。沉默了一周後，直到四月三日才來電稱：「我已通知我方銀行，單據與信用狀不符。」該批單據在中國某出口公司於三月十七日交單後，議付銀行並無異議，開證行也沒有提出任何與信用狀不符點。而且，從信用狀業務的特性來說，開證行負第一性付款責任。因此，若出現單據與信用狀不相符合的情況，理應由開證銀行提出。而現在港客戶從開證申請人身份，竟然在開證行沒有指出任何與信用狀不符的情況下，違背信用狀業務的處理慣例，來電中提到「已通知銀行單據不符，止付貨款」，這是很不正常的。這一方面反映了香港客戶的不滿情緒，另一方面也暴露了香港客戶的「理屈詞窮」。

中國出口公司接到上述電文後，迅即複電，說明單證完全相符，要其如期履行付款。

四月八日香港客戶來電稱：「重新包裝的材料人工費十一萬港元，倉租與搬運費六萬餘元，誠如你們所知，我們所獲得的薄利極有限，因此我們沒有道理再全部承擔此項額外開支。請確認你方將承擔該費用。」

顯然香港客戶在電文中採取了協商的口氣，態度已軟化。據此，並考慮到賣價中也包含了麻包的因素，出口公司因勢利導，與香港客戶進行了友好的協商。在香港客戶最終實際支付材料等費用三萬五千美元的基礎上，由出口公司貼補費用一萬四千美元，順利地了結了此案。

中國出口公司之所以未承擔全部包裝費倉儲費，關鍵在於抓住了對方信用狀這一明白無誤的證據，作爲不套麻包的依據，使對方提出的索賠計畫未能全部落實。

rule 8

低調離間，高明挖角

商戰之中，絕對少不了要運用手腕，透過挖角廣納高手，是企業初創時期最快速的突圍之技。

面對人才的競爭，「離間計」實爲商人求才的一個重要的手段。「離間」是俗話所云的「挖牆角」。很多商家將這作爲獲得人才的一個有效途徑。諸多有志商家求賢若渴卻又苦於賢才難聚；而諸多賢才卻由於不受賞識而遭埋沒。於是有志商家便巧使「離間」之計，致使賢才被上司揮袖棄之，而賢才終入有志商家手中。這種做法實是無可厚非的。

宇虹集團是一家擁有三億資產的大型鄉鎮企業。其前身是一家機床廠，當時年產值僅幾百萬元。但是其集團總裁，即當時的機床廠廠長夏林，經營有方，重視技術開發和新產品的研製，企業開始起步。然而，當時由於缺乏人才使企業無法迅速發展。

而該地區的另一家中型國有企業紅染機床廠則才人濟濟，其中總工程師梁先生更是碩果累累，聲名遠播。然而，該廠廠長卻嫉賢妒能，又怕梁總工功高震主，因而對其忌防三分，不予重用。儘管該企業效益不錯，待遇也可以，但梁總工總覺英雄無用武之地，倍感壓抑，幾次要求廠長將其外調，但廠長卻不容其「紅杏出牆」，使梁總工苦悶不已。

夏林獲知這個情況，下決心要把梁總工挖過來。因此，夏林不顧「同行冤家」的古訓，主動接近紅染廠廠長，每次均裝出誠懇學習的「小弟弟」的模樣，逐漸使紅染廠廠長對其稍懈戒心。

有一次，夏林以學習爲名得以同紅染廠廠方領導團隊交流。夏林竭力誇讚梁總工，抬高梁的位置，使得紅染廠廠長大失面子，竟拂袖而去。

會後，夏林又找到紅染廠廠長，先是恭維廠長如何聚才有方，廠裡能人是車載斗量，其間又重點提到梁總工，說紅染廠是少了梁總工，眞是缺了一根大台柱。夏林這番話當時就把紅染廠廠長給惹惱了。夏林趁機又提出想向紅染廠借才的請求，不想該廠長不假思索地就答應讓梁總工過去。

夏林大喜過望，立即回頭誠懇邀請梁總工。梁本來對一個鄉鎮企業不感興趣，但由於廠長如此待己，夏林又如此誠心，便決心要好好幹一番，挫一挫紅染廠廠長的傲氣。

就這樣，梁總工來到了宇虹廠。半年不到就研製出了新產品，宇虹廠產值由原來的三百餘萬元一下子躍升至三千多萬元，而紅染廠卻發展緩慢，漸顯頹勢。

這時，紅染廠廠長急了，急令梁總工回本廠，否則以開除處理。夏林聞知，及時勸阻梁總工，眞心誠意和高薪留住了梁總工。紅染廠將梁除名，梁便更死心塌地地爲宇虹廠工作。宇虹廠也得到了迅速發展，幾年後便組建了宇虹集團。

夏林求才，可謂不辭辛勞，而採用這種方式，又怎能說其不對？與其讓梁總工埋沒塵埃，何不如讓他換個地方，流光溢彩呢？

夏林巧用離間，可說是合了孫子所云的「非聖智不能用間，非仁義不能使間，非微妙不能得間之實」，其情其勢，堪令人稱道。

離間求才，有時不一定主間賢才上司，也可以誠摯主間賢才，使其下決定換「主」。

李某是某國有企業的總工程師，已獲得三項發明專利，而且在廠也有一定權力，但他看不起廠長，常感不滿。廠長是個庸才，可上面器重，要想取而代之，除非等到退休，可到那時，總工程師也廉頗老矣，能有什麼作爲？跳槽吧，觀念上一時又轉不過彎來，心情一直悶悶不樂。不知從哪兒得到了這個資訊，有一家鄉鎮企業派人找上門來，動之以情，曉之以理，吐肺腑之言，談誠懇之語，就是個石頭人也要三分心動：

「良禽擇優木而棲，賢臣擇明主而事。在這樣的環境裡，這樣的領導手下像你這樣的人才，能有用武之地麼？」

總工程師在鄉鎮企業求賢若渴之下，終於答應。

該鄉鎮企業挖得人才後如虎添翼，兩年間產值猛升。

「離間求才」不是讓你去做不正當競爭，而是使用恰當策略，使那些懷才不遇或有不甘屈居人後的賢才更有用武之地，從而對人對己均有益處。聰明的商家是不會視其爲不道德行爲的。當然，無論何時也當謹遵孫子所言。

rule 9

親近人才，慷慨讚美

好的領導者自然不必阿諛下屬，不過，居高臨下的美言是最能顯現出領袖誠意的做法。

現代化商戰，說到底是人才的較量。人才就意味著長久的財富。人才流失就是財富在流失，留住人才，就需要你放下架子，真誠懇切，尊重他們。下面這個例子就說明了這個問題。

一天，一位原來擔任中階領導職務且深具才幹的年輕人，忽然辭職走了。李總經理得知他是被聘到一家酒店做經理，於是親自找到那家酒店。前老闆主動來喝酒，令剛辭職的陳君深感意外，但想避開已經來不及了，只好笑臉相迎，請李總喝酒，他在一旁陪著。

兩人細飲慢說，李總笑容可掬，情緒高昂。他與這位過去的手下拉扯起一些一起創業過關斬將的往事，講得眉飛色舞。隨後，才談到陳君的近況，他興致勃勃地問：「新工作很好吧？是不是做得很順手？」陳君當然要把其現狀好好描繪一番：很受新老闆的賞識，當上經理以後，手下協作也不錯，初步估算，在一年內可以為公司賺進五百萬元。一邊說一邊覺得很得意。李總淡然一笑，說：「五百萬嗎？我認為太少了。」「就這麼個小小的酒店，一年賺這麼多已經很不錯了」陳君小聲地辯解道。

李總一本正經地說：「照我看，你的才能一年應該賺數千萬，你太沒自信了，這個小地方藏不下你這條蛟龍，所以我看你在這兒是大材小用啊！還是回去跟我，怎麼樣？」

陳君感到非常意外：「李總，你不是開玩笑吧？我剛離開，你還要我回去」李總慢悠悠地說：「我想問題和做事情向來都是認眞的。」陳君爲難地苦笑：「我連公司的宿舍都退了，回去還有位置麼？」

李總道：「你錯了，我們公司的一貫做法是人走了宿舍仍保留給他，你在小酒店裡太屈才，所以留下這句話：你願不願來，我都等著你。」

後來，陳君果然返回公司，一年後，經過東拚西殺，爲公司獲利幾百萬。

要成爲有效的領導者，卡耐基告訴你一個原則：讚美最細小的進步，而且是讚美每一次進步，要誠懇的認同和慷慨的讚美。

惟有放下架子，眞誠懇切，才能做到這些。

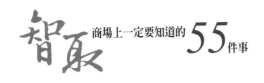

rule 10

放低姿態，收買人心

深諳人心之奧妙。先交朋友，再故意示弱，激起對方英雄為朋友兩肋插刀之情，於是大功告成。

日本大神機電在上海登報徵聘華籍高級幹部。不滿三十歲的邵先生憑一口自學的流利日語，輕鬆地通過考試，當場被聘爲業務代表。上班第一天，商務處主任大竹先生向邵先生詳細介紹任職後的工資、待遇、補貼、福利，去日本聯繫業務的機會以及晉升的可能。大竹又對邵先生說：「請邵先生多多爲大神出力，拜託了！」說罷恭恭敬敬地鞠了一個九十度的躬。邵先生深受感動，連忙起身還禮，並暗暗地下了決心：一定要成功。

邵先生果然成功了，三年以後被提升爲駐上海商務處的副主任，當上大竹深可依賴的副手。

邵先生在代表日商與中方談判合約價格時，深懂其中的技巧他熟諳反客爲主的眞諦，總愛先抓住中方報價中的漏洞，乘機掌握談判的主動權，然後步步逼進取得成功。當然，邵先生得心應手地施行此計絕非一日之功，全靠平素的經驗積累和勤於思索，尤其是第一次出馬就走彎路的教訓，給了他有益的啓示。

那是邵先生首次代表日商與上海一家五金公司洽談中國鎢砂的購銷業務。鎢乃是冶金、機電、電子、航空、航太工業的重要原材料。中國鎢砂品位居世界之最，向被國際市場器重，也是中國五金礦業的免檢產品。但由於某西方國家的作崇，中西方的一些官方進出管道不是很暢，於是民間的轉口貿易就成爲外商眼熱的生財之道。此番大神公司上海辦公室派邵先生登門，意在徵詢試探。他走進這家公司的業務部，見四處胡亂地堆著雜物，辦公桌上散著碗筷，有的人在看報紙，有的在閒聊，有的在電話裡談私事，卻沒有一個人接待他。邵先生掏出美國菸繞了一圈，才被告知部長不在，繼續遭冷落。過了一會兒，一個打完電話的小夥子有些不好意思了，上前答話。

邵先生極想通過這個小夥子促成交易，盡力把涉及到的雙方利益全都說得清清楚楚、詳詳細細。可小夥子聽完後卻搖搖手，說自己「做不了主」。邵先生又介紹了促成這筆生意的方法、步驟。小夥子又笑了笑說：「不要講那麼多，生意成不成對你關係很大，對我沒有一絲一毫的好處，不會多拿一分錢的獎金。」

爲了等待可以做主的部長回來，邵先生就與小夥子閒談起來。話題慢慢地由電影扯到歌星，邵先生說自己認識香港某著名歌星的經紀人，小夥子立刻來了精神，稱讚邵先生「腦子活絡」。邵先生是上海人，當然知道這句上海話中隱藏著的那種含義，他當即拍胸脯許諾，下午就送幾張這個歌星在上海舉辦演唱會的票來。這一招使小夥子竟有些眉飛色舞了。

邵先生雖沒有拿到歌星演唱票的路子，但講信用。從五金公司出來，他驅車趕到體育館門口，高價買了十張黃牛票，再折回五金公司業務部。小夥子驚喜了，全部門人員也開始重新認識邵先生。於是，熱氣騰騰的香茶端來了，親熱的臉龐湊近了，並且不再把他當成外人。

「慢慢來，跟我們公司做生意，總是開頭難……」小夥子勸慰邵先生。部門裡的其他人也七嘴八舌地告訴邵先生，只要能跟業務部搭上線，這樁生意隨便怎樣做，公司頭頭沒有一個懂業務，關鍵是叫他們願意跟你做買賣。邵先生當即答道：「我想辦法再弄點演唱會的票子……」「這對頭頭沒有用。」小夥子斷然否定。邵先生一臉沮喪，掏出十幾隻進口打火機分送給各人，請求幫助。

同鄉之情最容易貼近，洋買辦在自己面前是個弱者，更能使上海人的自尊心獲得滿足並慷慨地付出同情。業務部的人替邵先生出謀劃策了，只要邵先生把日本老闆帶到公司裡來，公司主管就不得不出面接待，到那時大夥幫著說說，再特別強調一下你們商社是公司的老客戶，成交就不困難了。

話劇上演了，很簡單但很成功。公司頭頭見到了日本人，表現出極大的熱情，雙方拍板成交用了不到一個小時。邵先生經他人之手導演的反客爲主，恰好符合中國的國情倘若只是打通上層，那將面對下面各個環節的困阻，未必辦成事情；假如僅僅疏通下層部門，也不一定能與當權者簽約，因爲下面的人爲避嫌而不肯多說話；唯有借助於以內爲外、以外爲內的角色移位，才能達成交易。

此後，大神株式會社駐上海商務處很快成爲上海這家五金公司的主要外銷管道，而上海這家五金公司也逐漸變作大神株式會社駐上海商務處的重要業務支柱。雖然雙方還算得上互惠互利，但誰又能算得清是否利益均等呢？

rule 11

危機發生，立即進行損害控制

理虧時被人抓住不放，惟一的良策應該是趕緊撤退，減少損失，而不是同對方據理力爭。因為無理可爭，「識時務者為俊傑。」

中國華東某省紡織品進出口公司與非洲客戶查先生簽下一宗合約，紡織公司向查先生供應六百萬公尺棉布，總計金額一百五十萬美元。雙方商定：交貨期自一月起至六月底止，供方每月裝運一百萬公尺，買方憑提貨單收貨，並於六十天內付款。

合約隨之開始履行，查先生準時開來信用狀。該狀載明的貨品、規格、單價、總量、總金額皆與合約條款一致，只是「裝運條件」一欄卻籠統地要求道：「分批裝出，最遲至六月三十日截止。」與合約條款詳細要求的「每月等量裝運一百萬公尺」有了明顯的出入。何以至此？中方不得而知，也未深究。

紡織進出口公司原想按合約規定，於一月運出一百萬公尺滌棉匹布，後見信用狀上沒有寫明按月等量運出，就想，「早出口，早創匯」，便把合約規定放在一邊，在一月將三百萬公尺匹布裝船運出，憑單向中國的議付銀行收取七十五萬美元；在二月底又將三百萬公尺匹布裝船運出，再憑貨單向中國議付行收取七十五萬美元。中國的議付行先後收單議付，並向國外開證銀行索匯，國外開證銀行審核單據後照付，一切似乎非常順利。

查先生收到裝船通知，發現裝運時間、批量都與合約條款相悖，當即向中國駐該國商務機構提出異議，並預先申明：若因貨物湧到，造成倉儲費用及銀行利息增加，將向中國外貿公司提請索賠。六百萬公尺滌棉先後於二月底、四月底抵港，因是走俏商品，查先生沒費多大力氣便銷售一空。但他還是以中方違約爲由，要求中方賠償損失，標的爲貨值的百分之二十，計三十萬美元，於是雙方就此展開了一場激烈的談判。

談判一開始，查先生就公事公辦地提出了中方的違約問題。

「公司只是按照信用狀上所列內容辦事，不應承擔額外的損失。」中方代表堅持道。

「照信用狀收取貨款沒有什麼不對，信用狀原來給了貴公司這種權利。但是，信用狀上沒有納入合約的其他內容，賣方是不可以任意解釋的，如果在對其處理上與合約條款相矛盾，將被視作違約行為，必須承擔責任。這些在『二九〇出版物』中都有明確的闡述。」查先生揪住合約條款不放。

「查先生先生，不管怎麼說，信用狀上的貨運方式是你自己寫的，對此你應作出合理的解釋。」中方代表也抓住對方不放。

「分批裝出，六月三十日截止，是我親筆寫的。但這不是合約條款的內容，貴公司也不能任意作出解釋，更不能把它看作對合約規定（每月等量裝運一百萬公尺）的改變，因而貴公司只能按合約條款交貨，使信用狀與合約相一致、貨單與合約相一致，否則是不能推卸責任的。」查先生死死圍住中方的違約說道。

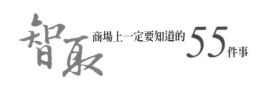

「如果說我方違約，那麼起源還在於你把信用狀內容寫錯了，對此我方不應該承擔完全責任。」中方代表力爭脫圍地說。

「即使信用狀寫錯了，你方也應該拒絕，只按合約規定履約。你方若想按信用狀的內容行事，必須經過雙方正式確認，以作為對合約條款的修改。否則只能單方承擔後果，與開證者沒有關係。因爲，國際商法有明確規定：合約的一方明知另一方弄錯，而有意利用這個差錯，當被看作『非善意行爲』，也須承擔相應責任。所以我希望貴公司不要利用信用狀上的差錯推諉違約的責任。」查先生滴水不漏地說。

中方代表到這時已經清楚地意識到，對手早有充分準備，在談判中所以把履行合約圍得密不透風、理由充足地要求索賠，其實是在精心實施圍魏救趙之計。既然合約與信用狀已被人家以國際慣例和有關法律分而治之，中方再無端與之爭執也無濟於事，反而會招致不良影響，還是力爭少賠一點吧。

此後，雙方經過反覆協商，最後外貿公司接受對方意見，同意將兩批貨款分別推遲四個月結清。若按當時國際市場的利率計算，中方蒙受了全部貨值百分之十五的損失。

第二篇

商場上一定要知道的請託術

託人幫忙時態度一定要誠懇，
要動之以情，曉之以義。

rule 12 先吊胃口，逐步深入

談判時不要冒然提出要求，而應循序漸進，逐步深入，吊吊他的胃口，最後順勢把全部要求都說出。

談生意時，要想達到自己的目標，就必須刺激起對方的欲望，暗示只要能答應，好事就在後頭，並不時地給些甜頭，讓他相信你所說的並非是一句空口大話，於是在不斷的刺激下，他的欲望也就被挑了起來，這時就是你牽著他鼻子走的時候了。

美國史丹福大學社會心理學家弗里德曼和弗里茲兩位教授，曾以學校附近一位家庭主婦巴特太太，作了個有趣的實驗，他們打了通電話給她：

「這兒是加州消費者聯誼會，爲具體了解消費者之實況，我們想請教幾個關於家庭用品的問題。」

「好吧，請問！」

於是他們提出了一兩個例如府上使用哪一種品牌的肥皂等簡單問題。當然，這項電話調查，不僅僅只是打給了巴特太太。

過了幾天，他們又打電話過去：

「對不起，又打擾你了，現在，爲了擴大調查，這兩天將有五六位調查員到府上當面請教，希望你多多支持這項調查。」

這實在是件不太禮貌的事，但也被同意，什麼原因呢？只因爲有了第一通電話的鋪路。相反地，他們在未打第一通電話，而直接做第二通電話的要求之調查時，卻頻頻遭到拒絕。研究最後以百分比作爲結論，前一種答應他們的占百分之五十二點八，後一種只有百分之二十二點二。

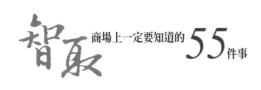

據此可知，談事情時，應由小到大，由微至著，由淺及深，由輕加重才是，如果一開始就有大大的要求，一定會遭受到對方斷然拒絕。

有社會經驗的人，都知道人們有意無意之間習慣於以局部的資訊來推論全局。如果認爲局部資訊是眞實的，則往往認爲全局都是眞實的；如果認爲局部資訊是虛假的，則往往認爲全局都是虛假的。

因此，有心計的謀略者，在最初都會使自己的意圖不暴露，而完全是以一種交朋友談友情的味道與人接近。結果往往使那些不諳於世故或修煉不夠的老少朋友進入圈套而大呼上當，其後果當然是悔之晚矣。

rule 13

揣摹對方心理，順勢而為

託人家幫忙，就要成為人家的心理醫生。

你想請人幫忙，就得揣摩對方的心理，看對方願不願意幫你，能幫到什麼程度，假如對方根本無法完成此任務，你求他也是白求。

通過對手無意中顯示出來的態度及姿態，了解他的心理，有時能捕捉到比語言表露更眞實、更微妙的思想。

例如，對方抱著胳膊，表示在思考問題；抱著頭，表明一籌莫展；低頭走路、步履沉重，說明他心灰氣餒；昂首挺胸，高聲交談，是自信的流露；女性一言不發，揉搓手帕，說明她心中有話，卻不知從何說起；眞正自信而有實力的人，反而會探身謙虛地聽取別人講話；抖動雙腿常常是內心不安、苦思對策的舉動，若是輕微顫動，就可能是心情悠閒的表現。

當然，對請託對象的了解，不能停留在靜觀默察上，還應主動偵察，採用一定的偵察對策，去激發對方的情緒，才能夠迅速準確地把握對方的思想脈絡和動態，從而順其思路進行引導，這樣的會談易於成功。

針對不同的對象談話應注意以下差異：

（一）性別差異。男性需要採取較強有力的勸說語言；女性則可以溫和一些。

（二）年齡差異。對年輕人應採用煽動的語言；對中年人應講明利害，供他們斟酌；對老年人應以商量的口吻，儘量表示尊重的態度。

（三）地域差異。生活在不同地域的人，所採用的勸說方式也應有所差別。如對中國北方人，可採用粗獷的態度；對南方人，則應細膩一些。

（四）職業差異。要運用與對方所掌握的專業知識關聯較緊密的語言與之交談，對方對你的信任感就會大大增強。

對不同類型的人說不同的話，才能達到最好的效果。求人幫忙要看對方的層次。埋頭做事者常常是事業心很強或對某事很感興趣的人，一旦開始做事，便全身心投入，不願再見他人。這種人往往惜時如金，愛時如命，鐵面無情。要敲開這種人的門，首先不要怕碰「釘子」，還要有足夠的耐性，並且要善於區分不同情況，或硬纏或軟磨？直至達到目的。

一個善於求人的人，一定很注重禮貌，用詞考究，不致說出不合時宜的話，因爲他知道不得體的言辭往往會傷害別人，即使事後想再彌補也來不及了。相反地，如果你的舉止很穩重，態度很溫和，言詞中肯動聽，雙方自然就能談得投機，求辦的事自然也易辦成。

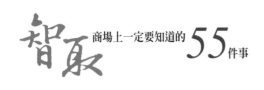

所以爲了要使對方對你產生好感，必須言語和善，講話前先斟酌思量，不要想到什麼說什麼，這樣引起別人皺眉頭自己還不知道爲什麼。那些心直口快的朋友平時要多培養一下自己的深思愼言作風，切不可像隨地吐痰似的不看周圍是何處脫口而出，那樣會影響到自身的形象。

既然要託人幫忙，大多是因爲工作出現了困難和危機，這些因素都會使人心力交瘁，喪失信心，不僅影響情緒，而且影響和周圍人的交往。在處於情緒低潮時，請求別人能寄予關懷，伸出援助之手。但千萬記住，不要把過度沮喪的情緒帶到別人面前。託人幫忙，總是一副哭喪臉，會使人感到晦氣。

摸清對方的心理後，要委婉地提出請求。

美國《紐約日報》總編輯雷特身邊缺少一位精明幹練的助理，目光瞄準了年輕的約翰．韓，他需要他幫助自己成名，幫助這家大報的老闆葛里萊成爲成功的出版家。而當時約翰剛從西班牙首都馬德里卸除外交官職，正準備回到家鄉伊利諾州從事律師業。

雷特請他到聯盟俱樂部吃飯。飯後，他提議請約翰．韓到報社去玩玩。從許多電訊中間，他找到了一條重要消息。那時恰巧國外新聞的編輯不在，於是他對約翰說：「請坐下來，爲明天的報紙寫一段關於這消息的社論吧。」約翰自然無法拒絕，於是提起筆來就做。社論寫得很棒，葛里萊看後也很讚賞，於是雷特請他再幫忙頂缺一星期、一個月，漸漸地乾脆讓他擔任這一職務。約翰就這樣在不知不覺中就放棄了回家鄉做律師的計畫，而留在紐約做新聞記者了。

由此可以得出一條規律：央求不如婉求，勸導不如誘導別人在運用這一策略的同時，要注意的是：誘導別人參與自己的事業的時候，應當首先引起別人的興趣。

當你要誘導同事去做一些很容易的事情時，先得給他一點小勝利。當你要誘導同事做一件重大的事情時，你最好給他一個強烈刺激，使他對做這件事有一個要求成功的希求。在此情形下，他的自尊心被激起來了，他已經被一種渴望成功的意識刺激著了，於是，他就會很高興地爲了愉快的經驗再嘗試一下了，

總之，要引起同事對你的計畫的熱心參與，必須誘導他們嘗試一下，而這首先要從揣摩清楚同事的心理入手，然後再量體裁衣，選好時機和話題，逐步引導到你想達成的事情上來。

rule 14 以誠相交，同事樂於相挺

同事之間，關係微妙，個性相差很大；同事之間，只有以誠相交，才有可能在關鍵時幫得上你。

需要同事互助時，要把握好恰當的時機，對方時間寬裕，心情舒暢時，請求他幫忙得到答應的可能性很大；相反，對方心境不佳時，你的請求可能只會令他心煩，對方正忙於某項事情時，你提出請求一般很難得到確定的答覆。因此要適應對方心理的需求而提出誠懇的請求，利用情義打動同事，這是你取得成功的一個很重要的辦法。

某部門接到上司分配專案任務，機關幾十名同志都主動承擔一些任務，唯有幾位「老調皮」，任憑主任怎麼在政治上動員都不願認領任務，搞得主任很難堪。

下班後主任把這幾位老調皮叫到辦公室，輕聲地說：「我只講最後一遍，我現在

很為難，請你們幫個忙。」奇怪剛才態度很強硬的幾個「搗蛋鬼」聽了這句語重心長的話，紛紛表示：「主任，我們不會讓你為難了！」說完立即回去認領自己的那份任務。

一句充滿人情味的請求話，比通盤大道理更有說服力，看來人還是比較重情義的。主任用請求的話打動了他們，讓這幾位老調皮覺得：主任看得起咱，怎麼能不給面子呢？

請託同事也是一樣，求同事幫忙時態度一定要誠懇，要動之以情，曉之以義。

需將事情的前因後果、利害關係說個清清楚楚。要說明為什麼自己不做或做不了而去找他做。總之，由於同事對你了解得十分清楚，知根知底，因此託同事做事，態度越誠懇越好。你的態度越誠懇，同事也就越不可能拒絕你。另外託同事做的事，一般還應有一個明確的目標，成則成，不成則不成，這樣的話同事也比較有的放矢。不要託同事辦一些目的不明確、比較籠統的事。應該託同事辦一些難度不大、目標明確、效果顯著的事，也有利於你向他致謝。

人的個性千差萬別，有的含蓄、深沉，有的活潑、隨和，有的坦率、耿直。含蓄、

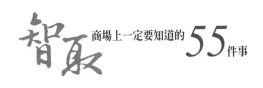

深沉者可以表現出樸實、端莊的美，活潑、隨和者可以表現出熱誠、活潑的美，坦率、耿直者也有透明、純眞之美。人生純樸的美是多姿多彩的。在各種美的個性之中，有一種共同的品性，那就是眞誠。

眞誠的低層要求是不說謊，不欺騙對方，但在複雜的社會和人生活動中，目的和手段要有一定的區別。醫生爲了減輕病人的痛苦，以利於治病救人，往往向病人隱瞞病情，編造一套謊話給病人。這樣才能使病人早日康復。它表現的不是虛僞，而是更高、更深層的眞誠，是出於高度的社會責任感的眞誠。只有智慧、德性和能力達到高度統一的人，才能表現出這種高深層次的眞誠美。

情與義就是一種眞誠，同事相交需要眞誠！

日本大企業家小池曾說過：「做人就像做生意一樣，第一要訣就是誠實。誠實就像樹木的根，如果沒有根，樹木就別想有生命了。」

這段話也可以說概括了小池成功的經驗。

小池出身貧寒，二十歲時就替一家機器公司當推銷員。有一個時期，他推銷機器非常順利，半個月內就跟三十三位顧客做成了生意。之後，他發現他們賣的機器比別的公司生產的同樣性能的機器昂貴。他想，同他訂約的客戶如果知道了，一定會對他的信用產生懷疑。於是深感不安的小池立即帶著合約書和訂金，整整花了三天的時間，逐戶逐戶去找客戶。然後老老實實向客戶說明，他所賣的機器比別家的機器昂貴，爲此請他們廢棄契約。

這種誠實的作法使每個訂戶都深受感動。結果，三十三人中沒有一個與小池廢約，反而加深了對小池的信賴和敬佩。

誠實眞是具有驚人的魔力，它像磁石一般具有強大的吸引力。其後，人們就像小鐵片被磁石吸引似的，紛紛前來他的店購買東西或向他訂購機器，這樣沒多久，小池就成爲「鈔票滿天飛」的人了。

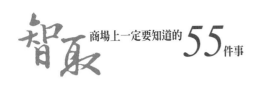

日本專門研究社會關係的谷子博士有一次說：「大多數人選擇朋友都是以對方是否出於眞情而決定的。」他說有一個富翁爲了測驗別人對他是否眞誠，就僞裝重病人醫院。

結果，那富翁說：「很多人來看我，但我看出其中許多人都是希望分配我的遺產而來的。特別是我的親人。」

谷子博士問他：「你的朋友也來看你嗎？」

「經常和我有來往的朋友都來了，但我知道他們不過是當作一種例行的應酬罷。」

「還有幾個平素和我不睦的人也來了，但我知道他們只是樂於聽到我病重，所以幸災樂禍地來看我。」

照他的說法，他測驗的結果或許是：根本沒有一個人在「眞誠」方面及格。

谷子博士就告訴他：「我們爲什麼苦於測驗別人對自己眞誠？測驗一下自己對別人是否眞誠，豈不更可靠？」

與其試探別人的忠誠，不如問問自己的忠誠。因爲我們都有一種莫名其妙的思想，總是希望別人爲自己赴湯蹈火，而自己對別人則樣樣三思而後行。這樣的思想確實要不得。

請求同事幫助時，應當帶著深情厚義的誠懇態度。

向別人提出請求，無論請求別人幹什麼，都應當「請」字當頭，即使是在自己家裡，當你需要家人爲你做什麼事時，也應當多用「請」字。向別人提出較重大的請求時，還應當把握恰當的時機。比如，對方正在聚精會神地思考問題或操作實驗，對方正遇到麻煩或心情比較沉重時，最好不要去打擾他。如果，你的請求一旦遭到別人的拒絕，也應當表示理解，而不能強人所難，更不能給人臉色看，不能讓人覺得自己無禮。

請求同事，還要端正態度，注意語氣，雖然請求時無須低聲下氣，但也絕不能居高臨下，態度傲慢，非得別人答應不可，而應當語氣誠懇，平等對待，要有協商的語氣，如「勞駕，讓我過一下，行嗎？」「對不起，請別抽菸，好嗎？」「什麼時候有空跟我打打球，怎麼樣？」同時，還要體諒對方的心理：「我知道這事對您來說不好辦；但我實在沒有辦法，只好難爲你了。」

當有客觀原因，你的同事不能答應請求你不要抱怨、憤怒甚至是惡語相加，你還得還禮道謝：「謝謝你！」「沒關係！我可以找找別人。」「沒事，你忙你的去吧！」這樣你的同事在有條件的情況下肯定會鼎力相助。如果你不能體諒對方，甚至對同事施以抱怨，這等於堵死了再次向同事提出請求的通路。

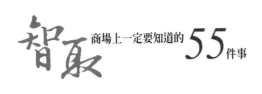

rule 15 好關係，好說話

經商處事講究人際關係，建立好人際關係網是成事的最大捷徑。

關係是一種感情的凝聚和利益的融通。有了關係也就有了門路，有了利益，有了各種隨時可以兌現的希望。所以，不但尋常人重關係，達官顯貴也重關係；不但一般職員重關係，高階人士更重關係。一旦哪一個環節的關係結了扣子，出了問題，便很可能會影響到他的切身利益甚至仕途前程。

與某些重要人物或關鍵人物關係親密或所謂「關係鐵」的人都是神通廣大的人，他們不僅能把與自己或朋友利益有關的合理合法的事兒辦得契意合心，而且還有可能越過法律和道德的界定做成一些超格越線的事兒，有了好的關係，正話可能被反說，反話可能被正解，黑白可能被顛倒，是非可能被混淆，儘管這樣做老大不合理，但它卻非常合乎一個「情」字，因爲合乎了「情」也就合乎了「關係」，爲了關係，人間絕大部分事兒差不多都可以辦到。所以，聰明的人切不必迷信純粹的「眞」和純粹的「好」，這世間萬物及其關係是從來不爲「是」與「非」和「對」與「錯」預備的，就是說，並不是只要是對的，就一定得到保全和愛護，而只要是錯的，就一定被人排斥和否定。複雜的社會生活有時使這兩種情況互反，壞事反而被辦成了，好事反而被拒絕了，那麼，怎樣來理解這種觀念呢？答案很簡單：關係使然。

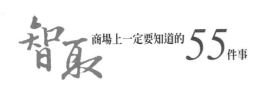

所以，要想成事，必須靠關係。與高層攀附關係，應該注意的問題有很多。

第一，要了解和掌握高層的背景和社會關係網。

任何一位高層都有自己的人情關係網。這個「網」的形成與他的背景和人生經歷有直接的關係。要想與他攀附關係，必須先暗地裡多留心和注意他的背景和社會關係網，包括他的同鄉關係、親屬關係、朋友關係、同學關係、上下級關係等等，掌握了這些關係之後，鑒於直接與某上司建立關係多有不便，則可曲線救國，別辟蹊徑，設法同一兩位與這位上司關係甚篤的人建立關係，這樣，在必要時，便可以借助這些關係的力量拿住上司的面子，使上司礙於某些關係的面子不好拒絕，不能拒絕，不便拒絕。

第二，要委婉自然。

攀附關係不是生拉硬套，本來沒有親戚關係，偏偏七拐八繞，硬說有親戚關係；或者本來與上司的某位朋友無甚關聯，偏偏鼓吹自己與人家情深義重，如此這般，很容易引起上司的厭惡和鄙視。所以，與上司拉關係，要循循善誘，順理成章，委婉自然，讓上司感受到雖是不經意地提起，卻一語中的，牽動著上司的舊情，甚至讓上司陷於對舊情舊事的沉緬中。如果能把與上司的關係攀附到這份兒上，那麼還何愁上司對你託辦的事情袖手旁觀呢？

第三，要講究場合。

在眾目睽睽之下是不便與上司攀附關係的。因爲絕大多數上司是不情願公開自己的背景和社會關係的。非但如此，上司本人還會顧忌你多事兒和多情，而旁觀者更認爲你是在有意巴結上司。所以，在公開場合攀附關係不但對上司有礙，也對自己有失。與上司拉關係最好是在背後與上司扯家常、閒嗑牙的時候，或者在酒桌上小酌、在茶水間喝咖啡的時候，在類似這樣的時間和場合裡與上司套關係最容易切中上司的心意，最容易令上司買帳。

第四，要講一些手段。

作爲上司居高臨下，下邊常有溜鬚拍馬、曲意逢迎的人時刻尋找巴結上司的機會，因而與上司攀附關係也存在著一種畸型的競爭關係。那麼，怎樣在這種不可告人的競爭中取勝呢？有經驗的人告訴我們，必要時可以使用一些手段，因爲任何一位上司都自覺或不自覺地處在錯綜複雜的社會矛盾中，這矛盾有的是對他有利的，有的是對他有害的；有的是他自己一目了然的，有的是他無從覺察的，那麼，你爲了攀附於他，就應該認眞關注這些矛盾的風吹草動，一旦有什麼特殊情況或特殊機遇，便可通過暗示、協調或委婉干預等手段，隨即成爲上司的心腹之人，既成其心腹了，還何愁有事不伸援手幫忙呢？

所以，只要在攀附關係上下了功夫，就一定能在上司那裡收穫一些感情，憑藉這種攀附出來的感情把自己的事情辦成，也確乎不失爲一種追求成功的方法。

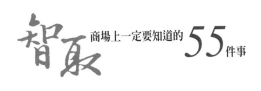

rule 16

一種建立關係的方法

在求人辦事時，「媒婆戰法」還有一種靈活的用法，那就是利用人的攀龍附鳳之心。當你身邊實在沒有合適的說客幫忙時，也可以從名人中拉一拉，借用一下他的地位和聲望，充當你與被求者溝通的媒介。

攀龍附鳳之心大部分世人都有，誰不希望有個聲名顯赫的朋友：一個明星，或者隨便什麼大人物？如果能躋身於他們的行列，自己也便沾上了榮耀，在別人眼裡也就身價大增了。

有位阿拉伯人，本來窮困潦倒，身無分文，就是使用了這種手段，廣求於天下，不但求來許多名人作朋友，還為自己求來了百萬家財。

這個阿拉伯人名叫艾布杜，原先只不過是個連溫飽都成問題的零工，如今他擁有的銀行存款四百萬美元。這位生活奢侈，出手闊綽的大亨，他的財富並不是靠經商得來的，而是靠幾本簽名簿搖身一變而成爲大財主的。

其實，他致富的法寶說來簡單有趣。他的簽名簿裡貼有許多世界名人的照片，再模仿名人的親筆字，簽寫在照片底下，艾布杜便帶著這幾本簽名簿浪跡寰宇，登門造訪工商鉅子和盛名在外的富翁。

「我是因仰慕您而千里迢迢從沙漠地阿拉伯前來拜訪您的，請您貼一張玉照在這本《世界名人錄》上，再請您簽上大名，我們會加上簡介，等它出版後，我會立即寄贈一冊……」

被他拜訪的富豪，一看到其中的照片和簽名都是當代世界的名人時，會有什麼反應呢？人都是好名的，尤其是有錢人更愛虛名，因此，多數的人都心甘情願地簽下大名，並提供照片。

又由於這些人有的是錢，又喜歡擺闊，一想到能跟世界名人排名在一起，便感到無限風光，這樣一來，他們就會毫不吝惜付給艾布杜一筆爲數可觀的金錢。

每本簽名簿的出版成本不過是一兩美元。而富人所給的報酬，卻往往超過上千元美金。艾布杜整整花了六年的時間，旅行九十六個國家，提供給他照片與簽名的共有兩萬多人。給他的酬勞最多的兩萬美元，最少的也有五十美元，總計收入大約五百萬美元。

如果你覺得這位阿拉伯人的做法有些厚顏無恥，近似招搖撞騙，那麼讓我們再看一個正面的例子。這個故事是美國黑人出版家詹森的親身經歷，有一次，他就是用這個做法招徠傑尼斯無線電公司的廣告的。當時傑尼斯公司的老闆是麥克．唐納，他是一個精明能幹的總經理。詹森寫信給他，要求和他面談傑尼斯公司廣告在黑人社區中的利害關係，麥克．唐納馬上回信說：「來函收悉，但不能與你見面，因為我不管廣告。」

詹森並沒洩氣。在他一生中每次面臨關鍵性轉捩點的時刻，人們開頭對他總說不行，詹森不讓麥克．唐納用那官腔式的回信來避開他，詹森拒絕投降。

「好，他是公司的頭頭，但又不掌管廣告，哪有這種事？」詹森想。答案是再清楚不過的：他管的是政策，相信也包括廣告政策。詹森再次給他寫信，問問可否去見他，談一下關於在黑人社區所執行的廣告政策。

「你眞是個不達目的誓不甘休的年輕人，我將接見你。但是，如果你要談在你的刊物上安排廣告的話，我就立即中止接見。」他回信說。

於是就出現一個新問題。該談什麼呢？

詹森翻閱美國名人錄。發現麥克．唐納是一位探險家，在極地探險家馬修．韓森和羅伯特．皮瑞準將到達北極那次聞名探險之後的幾年，他也去過北極。韓森是個黑人，曾經將他的經驗寫成書。

這是個詹森急需的機會。他讓出版社在紐約的編輯去找韓森，求他在一本他的書上親筆簽名，好送給麥克．唐納。詹森還想起韓森的事蹟是寫故事的好題材，這樣我就從未出版的七月號《烏檀》月刊中抽掉一篇文章，以一篇簡介韓森的文章代替它。

詹森剛步入麥克．唐納的辦公室，他第一句話就說：「看見那邊那雙雪鞋沒有？那是韓森給我的。我把他當作朋友。你熟悉他寫的那本書嗎？」

「熟悉。剛好我這兒有一本。他還特地在書上爲你簽了名。」

麥克．唐納翻閱那本書，接著，他帶著挑戰的口吻說：「你出版了一份黑人雜誌。

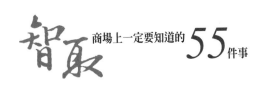

依我看，這份雜誌上應該有一篇介紹像韓森這樣人物的文章。」

詹森表示同意他的意見，並將一本七月號的雜誌遞給他。他翻閱那本雜誌，並點頭贊許。詹森告訴他說，創辦這份雜誌就是為了弘揚像韓森那樣，克服重重困難而達到最高理想的人的成就。

最後，「你知道，我看不出我們有什麼理由不在這份雜誌上刊登廣告。」他說。

rule 17 如何運用關係

要想請人幫忙，從他的親情上下功夫、找突破點也是一條捷徑。

找人幫忙不是輕鬆的事，根據對方脾氣秉性和所求事情的複雜性，以及自己與對方的熟悉程度和感情深淺，有時是不便直接找上門的。在這種情況下，可能只有間接託人才更合適。

（1）託對方的配偶

社會是十分複雜的。你通過一段時間的工作可能未能與對方建立成較密切的關係，可是因為特殊的機緣，你卻同他（她）的配偶較熟悉。在這種情況下，為了把事情辦成，你可以選擇他（她）的配偶作為突破點，或許因曲徑通幽，反而別有洞天，效果可能更好。

（2）託對方的長輩或晚輩

大多數上司都是上有父母下有子女的全福之人。對父母的尊重和對子女的疼愛是人間之常情，有鑒於此，他們可能很重視父母和子女們說的事，有時即便是一件不甚容易的事兒，他們也不好推託和拒絕。所以，如果與對方關係較遠或因某種原因見不到他（她），就不妨試著去找他（她）的父母或子女，設法讓他們從中串通幫忙，親情的作用有時也是不可估量的。

（3）託對方的朋友

人人都有朋友，而朋友又有疏密厚薄之別。對方的朋友當然也是如此。要想辦成事，必須找與上司過從甚密、情深意篤的朋友出面，方能收到奇效。「朋友」二字含著情份、面子、名聲等許多值得珍貴的東西，設法託到上司的朋友出面，上司肯定會重視的，也肯定會盡力的。

（4）找對方的主管

對方既然行走在仕途上，吃衙門口的飯，自然會更加重視上下級關係了。如果一件事找到上司不予辦理，可能有兩種情況：一是對方對你無成見，無矛盾，只是因爲有所顧忌而不好辦或不便辦；一是對方與你有成見有矛盾，爲了難爲你或特意看輕你，雖然事情該辦就是偏偏頂著不辦。在這種情況下，找他的上司也許是一種行得通的途徑。如果是前一種原因，事情可辦可不辦或不該辦，那麼，他的上司出面說說情，他多半會給面子的。若是後一種原因，讓他的上司說說情恐怕未必能收到成效，有時難免讓他的上司出面進行工作干預，以一種強硬的態度讓他把事情給擺平。用這種方法，事情雖然辦成了，卻把對方過分得罪了。所以，在找對方的上司出面干預前，一定要「三思而後行」。

所以，如果在社會生活中遇到了有需要動用關係的事時，根據具體情況有針對性地採用如上一些方法，就一定能變難爲易，柳暗花明，最終使事情得到圓滿的解決。

（5）利用邊緣人物，疏通對方關節

要想辦成事兒或儘快辦成事兒，最好針對關鍵人物下功夫，突破關鍵人物這道關卡，謀求關鍵人物的贊同和協助，問題往往很容易得到解決。

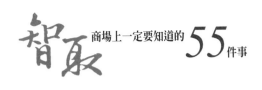

但是有的事兒，關鍵人物不好找，也可以找關鍵人物切近的邊緣人物。

因此，要想在解決問題過程中穩操勝券，除了著眼於主管、領導一類正式組織身份的負責人外，還應該爭取足以影響主管的非正式的「權威人物」的同情、支持和幫助。通過當事人或上級主管人的親友故舊，來說服當事人，成功的可能性大得多。

有時候，即使是主管和具體辦事人員同意解決的問題，也會由於下屬某一環節作梗而擱置下來。負責這一環節的人不論職位大小，也就變成了解決問題所必須疏通的「關鍵人物」。

這時候你切不可因他無權無職，就以爲可以隨便應付，否則你的好事兒就可能壞在他的手中。因此，切不可掉以輕心地對待你身邊老態龍鍾的老太太，玩彈珠打水槍的「小皇帝」，或風韻猶存的半老徐娘　這些人不顯山，不露水，但他們都有可能是你走向求人成功的墊腳石，一定要時刻保持高度的警惕，抓住每一個可能發揮作用的人物。

俗話說，託人辦事，不能「一棵樹上吊死」。盯死主要目標，全力以赴，固然很重要；但是對於目標周圍的那些「邊緣人物」，也要多多花費心思，有時甚至能起到意想不到的作用。他們就像一條條地道，可以順利地把你送到成功的彼岸。

（6）利用「枕邊風」施加影響

幽默大師林語堂斷言：中國一向就是女權社會，女人總是在暗地裡對男人施加影響，左右著男人的心理情緒和處事態度，無形中便決定了事態的發展。一些老謀深算者深諳此道，找人辦事兒，利用女人做些文章，結果事半功倍。

利用「枕邊風」達到求人的目的，這種做法古已有之。翻遍二十五史，故事比比皆是。近代以來，此風愈演愈烈，愈做愈絕。想當年，東北老客張作霖便是採取這個方法，成功地為自己挖好了一條地道從此發跡，結果官運亨通，扶搖直上。

張作霖是個野心勃勃的人，雖說已是土匪大頭目，但他朝思暮想要弄個朝廷官職。奉天將軍曾祺的姨太太從關內返回奉天，此事被張作霖手下幹將湯二虎探知，急忙報告張作霖，張作霖一拍大腿，說：「這眞是豬拱門，把貨送到家來了。」

於是張作霖就吩咐湯二虎，如此如此行事。

湯二虎奉張作霖之命在新立屯設下埋伏，當這隊人馬行至新立屯時，被湯二虎一聲吶喊阻截下來，隨後把他們押到新立屯的一個大院裡。

曾祺的姨太太和貼身侍者被安置在一座大房子裡，四周站滿了持槍的土匪，這時，張作霖已經接到報告，便飛馬來到大院。故意提高聲音問湯二虎：「哪裡弄來的馬？」

湯二虎也提高聲音說：「這是弟兄們在御路上做的一筆買賣，聽說是曾祺將軍大人的家眷，剛押回來。」

張作霖假裝憤怒說：「混帳東西！我早就跟你們說過，咱們在這裡是保境安民，不要隨便攔行人，我們也是萬不得已才走綠林這條黑道的。今後如有爲國效力的機會，我們還得求曾大人照應！你們今天卻做這樣的蠢事，將來怎向曾祺大人交待？你們今晚要好好款待他們，明天一早送他們回奉天。」

在屋裡的曾祺姨太太聽得清清楚楚，當即傳話要與張作霖面談。張作霖立即先派人給曾祺姨太太送來最好的鴉片，然後入內跪地參拜姨太太。

姨太太很感激地對張作霖說：「聽罷剛才你的一番話，將來必有作爲，今天只要你保證我平安到達奉天，我一定向將軍保薦你這一部分力量爲奉天地方效勞。」

張作霖聽後大喜，更是長跪不起。

次日清晨，張作霖侍候曾祺姨太太吃好早點，然後親自帶領弟兄們護送姨太太歸奉天。

姨太太回到奉天後，即把途中遇險和張作霖願為朝廷效力的事向曾祺將軍講了一遍。曾祺十分高興，立即奏請朝廷，把張作霖的部眾收編為巡防營，張作霖從此正式告別了「胡匪」、「馬賊」生活，成為眞正的清廷管帶（營長）。

就這樣，張作霖利用「枕邊風」辦成了由黑道轉為白道的一件大事。

rule 18 請託送禮的訣竅

不懂得禮尚往來，恐怕會使你是事情做不成和做不好，甚至做不了大事。

古人說：「衣人之衣者，懷人之憂」。意思是說穿了別人送的衣服，懷裡就會裝著別人的心事或隱憂。用現在的話說，就是收下了別人送過來的禮物，就要爲別人做好事。這同民間所謂「收人錢財，替人消災」和「吃了人家的嘴軟，拿了人家的手短」意思大體相同。送禮，在中國雖古已有之，卻於今爲然。自古以來不管人們承認不承認，喜歡不喜歡，送禮都和處事兒密不可分，在傳統一些的行業，面對傳統的對象，這似乎也算是一個一般規律。

所以，某一些情況下，要學會給人送禮，而送禮是需要自己往外掏錢的，要說情願可能未必是眞，但爲了特殊情況，又常常不得已而爲之。既然「爲之」了，就要「爲」好，就要把禮送到位，把事做成。

以下要談的就是送禮必須注意的問題和方法。

第一，是給誰送的問題。

這個問題表面上看不會成爲問題，而事實上卻是個大問題：因爲選錯了送禮對象的人不在少數，比如說把禮物送過去了，事情卻沒有達成因爲對方並非起關鍵作用的人物，所以即便送了禮，也是徒勞無益的。

送禮要送給關鍵人物，不能送張三一點又送給李四一點，王五也收到一點，結果禮物被分割零散了，份量顯得很輕，有時可能起不到利益驅動的作用，這還不算，送的對象多了，難免人多嘴雜，心機洩漏，對事情有百害而無一益。

所以，在送禮之前，一定要權衡好各位「要人」的力臂，查問好誰對這件事有裁決權，起主導作用。誰是關鍵人物就把禮物送給誰。禮物送到了，要達成的事情可能也就迎刃而解了。相反，如果把禮物送給了次要人物，可能就收不到相應的成效。

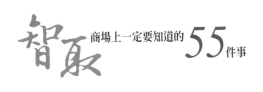

第二，是何時送和何處送的問題。

送禮要講究時間，講究地點，講究場合，這樣，對方才可能接受。很多人送禮喜歡在晚上送到對方家裡，其實這未必是最佳選擇。因爲晚上時間，對方可能不在家中，送去了禮物卻未見到「眞人」，未免有些遺憾。或者對方在家，卻另有外人夜間串門，帶著禮物進去未免有些尷尬，所以，最好的時間應該選擇在早上對方未動身上班之前，或者在星期天的早上對方剛剛起床不久爲佳。因爲這種時候帶禮物進屋，既無外人打擾，又能把要找的人堵在家中，便於見面，便於說話。另外，有些禮物也可以在辦公室送過去。當然也有一些其他場合可以送禮，比如在酒店請酒時也可以當場送些菸酒讓對方帶回去。所以，送禮場合是可以隨機應變的。

第三，是送多少的問題。

給人送禮送多少主要根據三個方面來劃定：一是根據所需要達成的事情的份量輕重和利益大小來確定給對方送多少禮合適，事情較大，對自己的利害關係密切，就應該多送一些；如果事情不關大體，就可以少送一些。二是根據對方費勁和費周折以及所承擔的責任風險大小來確定禮物輕重。如果事情不容易，或者對方所承擔的責任風險大，那麼要送的禮物就應該偏重一些，否則便可以少一些。三是根據當時社會送禮的慣例確定禮物價值的水準。禮物的輕重、多少恰到好處，既要達到目的，又要有所節省，不致得不償失。

第四，是送什麼的問題。

確定了給誰送的問題之後，接下來就要考慮送什麼好：這裡的所謂「好」不是以自己喜好的爲標準，而是以對方的喜好爲標準。所以，送禮之前要根據對方的日常生活偏好分析他到底喜歡什麼禮物。比方說，有的喜歡喝酒，有的愛好吸菸，還有的很高雅，他們對古董、字畫、典籍感興趣，還有的人乾脆就只是喜歡錢，眞是人心方圓，各有千秋。對方愛好什麼，就給他送什麼。要知道，只有給對方送上了他十分喜歡的禮物，他才會動心和動情的。對方只要動了心和動了情，就會拿出精力幫你的忙。

第五，是怎麼說的問題。

送禮總得在說法上有個理由才好送上去，比如對方患病生日或子女升學等特別時

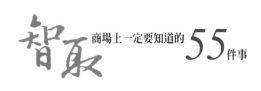

日，則是送禮的最好時機，因這時「出師有名」，名正言順，不用另外在說法上尋找送禮的由頭。所以顯得水到渠成，順理成章，接禮的人除了感謝之外，也不會有太大的顧忌。但有些時候，人們送禮純粹爲了某件事，沒來由的送禮過去，那樣一來，對方是不會接納這個禮物的。怎麼辦？這就需要找一種讓對方心安理得接受禮物的說法。下面是一位記者就這一問題在送禮者那裡採訪到的所謂「經驗之談」。

說法一：把送禮的話頭推到不在身邊的老婆身上。

比方說：「是啊，我也說，找您幫忙用不著拿東西。而我老婆卻很固執，非讓我拿著不可。既然拿來了，就先擱這兒吧，要不然，我老婆准得埋怨我不會辦事兒，回到家也交不了差。」

說法二：把送禮的話頭推到對方的孩子身上。

比方說：「東西是給孩子買的，和你沒關係。別說是來找幫忙，就是沒這事兒，隨便來串門兒還不一樣應該給孩子買點東西嗎？」

說法三：把送禮的話頭推到對方老人身上。

比方說：「你不用客氣，這東西是給老爺子買的，老爺子身體最近還行吧？你方便時把東西給老爺子拎過去得了，我就不再過去專門看他了。」

說法四：把送禮的話頭推到託辦事兒的朋友身上。

比方說：「這東西是我朋友給你買的，我也沒花錢，咱把事兒給他辦了，就啥都有了，咱也不用太跟他（她）客氣。」

說法五：把送禮的話頭推到對方可能存在的「花費」處。

比方說：「您給辦事兒就夠意思了，難道還能讓您搭錢破費？這錢您先拿著，必要時替我打點打點，不夠用時我再拿。」

說法六：把送給對方的錢說成是暫時存放在對方手裡的。

比方說：「我知道，咱們之間辦事兒用不著錢，但萬一出點啥岔頭需要打點，先找我拿錢就不用再跑一趟了。所以，這錢先放你這兒，用上了就用，用不上到時候再給我不是一樣嗎？」

以上這六種說法，都頗有人情味，對方聽了，都覺得好受，「有道理」把禮物放下，而沒有明顯拒絕的理由。所以，以上六種說法堪稱「經驗之談」。

送禮之技巧，可謂至關重要，掌握這一絕招，將有助於辦事，往往起到事倍功半的效果。

rule 19

用眼淚感動人

人都是感情型動物，只要你能博得同情，你的所求目的就可達到。

流淚能打動對方的硬心腸。有人說女人比男人強，因爲女人說著眼圈兒就紅了。眼淚就不由自主地淌下來，聽者就是鐵石心腸也免不了會動心的。

你有沒有在與人談到某問題時，對方突然哭起來的經驗？這或許是你的不幸。想想以前，是否有過類似的事？當你和先生、太太、子女爲某件事爭論不休時，你佔據了情、理、法，各項事實完全偏向於你，而讓對方毫無辯解餘地，對方突然淚流滿面時，你怎麼辦？

大多數人會說：「噢，對不起，別哭嘛，我不是故意的，或許我火氣大了些。」甚至更進一步道：「別哭了，我答應你就是了，你要怎麼做就怎麼做好了。錢在桌子上自己拿去買點東西吧！」卻很少有人說：「好啊，這會兒你無話可說，任憑我發落了吧！」

有非要主管相助的事也是如此，當你在主管面前哭訴你的困難時，即使鐵石心腸的主管也會被你打動，起碼不至於當面把你請求的事擋回去，這就留有充分迴旋的餘地。

在日本的一次國會議員選舉中，有一位田中派的候選人，由於田中形象的陰影使他處於不利的形勢，但仍當選了。他就採取「我被沉重的田中事件的十字架壓得透不過氣來」等低姿態，以流淚的神情來爭取民眾的同情，而他的夫人也立於街頭，向來往的行人哭訴，因此獲得了多數民眾的同情票。

這就是眼淚的妙用，不信，你也試一試吧。

rule 20 不計較被冷落

遭冷落在人生之中是難免的，關鍵是要有好對策。

有求於人時，受到冷落是很常見的。對此，不同的人有不同的反應：或拂袖而去，或糾纏不休，或懷恨在心。有這樣的反應也是正常的。但如一概而論，則有時就會因小失大，無法進行鋪墊，從而影響求人效果。因此，了解冷落的具體情況再作不同的反應，是十分必要的。

若按遭冷落的成因而分，不外三種情況：

一是自感性冷落，即估計過高，對方未使自己滿意而感到的冷落。

二是無意性冷落，即對方考慮不同，顧此失彼，使人受冷落。

三是蓄意性冷落，即對方存心慢待，使人難堪。

當你被冷落時，要首先區別情況，弄清原因，然後再採取適合的對策。

對於自感性冷落，自己應反躬自省，進行心理調節，實事求是地看待彼此關係，避免猜度和嫉恨於人。

常常有這種情況，在準備求人之前，自以為對方會以熱情接待，可是到現場卻發覺，對方並沒有這樣做，而是低調應對。這時，心裡就容易產生一種失落感。

其實，這種冷落感是自己對彼此關係估計過高，期望太大而形成的。應該說，這種冷落是「假」冷落，非「真」冷落。如遇到這種情況，應自己檢點自己，重新審視自己的期望值，適應彼此關係。這樣就會使自己的心理恢復平穩，心安而理得，除去不必要的煩惱。

有位青年到多年不見面的一同事家去探望。這位同事如今已是商界的實力人物，造訪他的人很多，十分疲勞，不勝其擾。因此，對於到訪的客人，只要是一般關係的，一律不冷不熱待之。

這位青年想到過去倆人的熟絡，一心認為能夠受到熱情款待，不料遇到的是不冷不熱，心裡頓時有一種被輕慢的感覺，認為此人太不夠朋友，小坐片刻便藉故離去。他憤憤然，決心再不與之交往。後來才知道，這是此人在家待客的方針並非針對哪個人的。

他再一想，嚴格說來，自己並未與人家有過深交，自感冷落，不過是自作多情罷了。於是又改變了想法，並採取主動姿態與之交往，反而加深了了解，促進了友誼。

對於無意性冷落，則應採取理解和寬恕的態度。在交際場上，有時人多，主人難免照應不周，特別是各類、各層次人員同席時，出現顧此失彼的情形是常見的。這時，照顧不到的人就會產生被冷落的感覺。

當你遇到這種情況，千萬不要責怪對方，更不應拂袖而去。相反，應設身處地的爲對方想一想，給以充分的理解和體諒。

比如，有位司機開車送人去做客，主人熱情地把坐車的迎進，卻把司機忘了。開始司機有些生氣，繼而一想，在這樣鬧哄的場合下，主人疏忽是難免的，並不是有意看低自己，冷落自己。這樣一想，氣也就消了。他悄悄地把車開到街上吃了飯。

等主人突然想起司機時，他已經吃了飯又把車停在門外了。主人感到過意不去，一再檢討。見狀，司機還說自己不習慣大場合，且胃口不好，不能喝酒。這種大度和爲主人著想的精神使主人很感動。事後，主人又專門請司機來家做客。從此，兩人關係不但沒受影響，反而更密切了。

由此可見，對於無意性的冷落，應採取理解和寬恕的態度，這種態度引起的震撼，會比責備強烈得多。同時，還能感召對方改變態度，用實際行動糾正過失，使彼此關係得到發展。

對於有意性冷落，也要從具體情況出發給予恰當處理。一般說，當眾給來賓冷落是一種不禮貌行為，而有意給人冷落那就是無理粗魯問題了。在這種情況下，予以必要的回擊，既是維護自尊的需要，也是刺激對方、批判錯誤的正當行為。

還有一種方式，就是對有意冷落自己的行為持滿不在乎的態度，以此自我解脫。有時候，對方冷落你是為了激怒你，使你遠離他，而遠離又不是你的意願和選擇。

這時，聰明的人會採取不在意的態度，「厚臉皮」地面對冷落，我行我素，以熱報冷，以有禮對無禮，從而迫使對方改變態度。

一個老太太看不上女兒的男朋友，他每次來，她都不愛搭理，還給點難聽的話。對此，男青年並不計較，照樣以笑臉相迎，彬彬有禮，該幫助幹活照樣去幹。最後，他終於以自己的言行使未來的岳母轉變了態度。

rule 21 忍辱負重，功到即成

有求於職位或身份地位比自己高的人時，得要把冷板凳坐熱，臉皮薄，自視清高只能吃閉門羹。

有時你需要身份地位高於自己的人提供協助，卻「臉皮薄」，放不下「清高」的架子，自然也就很難調適，也難以辦成事。這時候，臉皮薄了不行，不能忍受屈辱也不行。

徵求他人的協助時，應洗掉身上的迂腐與矜持，肯於屈尊，不怕受辱，才能鍥而不捨，以柔克剛，取得求人、辦事的成功。

有個朋友爲辦一個手續，連跑了幾個地方，不知爲什麼，總是解決不了問題。有人說要送禮。他不懂送禮也不願送禮，只有憤憤然罵上兩句，自己苦惱不堪。

一位朋友了解此事後，指點他去直接找某主任。到辦公室卻撲了個空，追到家也沒人還被勢利的保姆「賞」了幾句，他頓時火起，卻又「好男不跟女鬥」，只得裹著滿腹懊惱回到家，發誓再也不去找人、求人了。

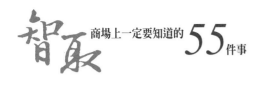

那位朋友知曉後，哈哈大笑，說：「你呀，就這麼不懂事！在外面辦事情哪有這麼容易的！我找人辦事是一求二求三求，不行再四求五求六求。事實不可謂不詳盡，道理不可謂不充分。現在，我不但臉皮厚了，連頭皮都變硬了！」

一席話深深地觸動了這位朋友。第二天，他又「厚」了臉皮去找某主任。結果是出人意料的順利，主任只照例問了一些問題便爲他辦了手續，菸都未抽一支。

人生一世，存活下去，需要辦數不清的事，需要請無數人幫忙。萬事不求人是不可能的；既要求人，臉皮薄了是不行的。

求人時不能立竿見影，很多朋友就心浮氣燥，殊不知此時正是考驗你的心理功夫是否到家的時候了，「忍人之所不能忍，方能爲人所不能爲」。

薄臉皮的人常常會被誤認爲高傲，或者低能。這些誤解更增加了薄臉皮者在人際交往中的困難。因此，他們在處理問題時常常不敢大膽行事，寧願選擇消極應付的辦法。他們對工作往往但求無過，不求有功，怕擔風險。

然而，臉皮薄的人並非一無是處。一般說來，臉皮薄者的爲人倒是比較堅定可靠的。他們是好部下，好朋友，在特定的狹小範圍內，還可以充當好幹部。

第三篇

商場上一定要知道的誘導術

善於放長線、釣大魚的人，看到大魚上鉤之後，總是不急著收線揚竿。

rule 22 放長線釣大魚

小人物只能用短線釣小魚，能放長線，釣大魚才是大器之人。

在日常工作中，有的人好急功近利，為了一時的眼前利益，可以不擇手段。但急功只能近小利，心急是吃不了熱燒餅的。同樣，有經驗的釣客知道，短線只能釣到小魚，要想釣到大魚，必須放長線，只有放長線，耐心地等待才能釣到大魚。經商做生意，也要放長線釣大魚，立足現實，著眼未來，從長計議，這是商家的致勝之道。

第二次世界大戰結束後，梅耶已是美國公民了，他再回法國就等於作客了。他把根紮在美洲這片使人激動的大陸。

從一九五〇年起，梅耶在加拉爾的公寓已經成了法國政界要員的一個社交場所。許多財經官員常常在他家歡聚，有的甚至在他家過夜。紐約最有名的金融家列文兄弟也是他家的常客，此時在財經界，梅耶已是華爾街所熟知的人物。

朗勃特公司的負責人朗勃特也是一個善於交際的人。有一天，他去拜訪梅耶，說在德州有一個八十萬英畝的牧場，正在等著出售。要知道，德州最大的牧場王家牧場也不過是九十萬英畝。這個叫作麥達多的牧場如能收購過來，肯定會有巨大的價值。德州的石油等礦藏十分豐富，如果投資探採石油，一定會發大財。於是梅耶一口應承下來。他馬上邀請了兩家公司共同購買。這兩家公司是，雷文兄弟和羅蘭公司。

一九五〇年十二月，收購談判開始。當時的麥達多公司股票在倫敦股票市場上的市價是七元，梅耶則以二十三點七元的價格全部收購。這個牧場後來又分為十六個牧場，收購於一九五一年八月成交。

直到一九五九年的耶誕節，梅耶才以一千八百萬元的價格出售了這塊牧場，共賺了一千五百萬元。這筆交易十分奇怪，用了近十年的時間，才賺到這麼一筆錢，對於金融投資家來說，是不能叫人感到滿足的。許多人認為，用這樣漫長的時間，才賺到這麼一點錢，是發不了大財的。

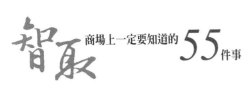

實際上，在這筆交易中，梅耶有著自己的打算。他做慣了風險大，速戰速決的生意，現在他也需要留一手。在大起大落的生活中，要保有一個穩定的方面，以做長遠的打算。

無論怎麼做，梅耶所渴望的僅僅是金錢而已。

伊比斯達的一生是光彩耀眼的。他是華爾街上一位成功的律師。一九二三年他和兩個朋友共同開辦了一家財務投資公司。五年以後，他幫助道奇公司和克萊斯公司進行合併。那時，他只不過三十歲出頭。一九三八年他創立了化學投資基金會，成爲美國投資基金的先驅。從一九二八年到一九四六年，他參加過許多國際經濟組織。在事業上，伊比斯達有著巨大的成就，直到六十歲以後，還在不停地工作著。

伊比斯達渴望的實際上也只是金錢，大筆的金錢對於他的理智和感情有著巨大的吸引和刺激。一句話，他在對待金錢上和梅耶有著一樣的偏愛。他比梅耶大十一歲，但是他倆志趣一致，性格相似，他們很快成了親密的朋友。在收購和合併的行動中，他們倆進行著最有效的合作。

伊比斯達有個叫戴維斯的朋友，是美國橡膠公司的首腦。有一天，他打電話給伊比斯達，說他準備出售手中百分之五十的亞達高加斯原料公司的股票。這家公司生產的產品是用作提煉石油和採油井的材料，在美國那個行業中居主導地位。伊比斯達於是和梅耶共同以四百五十萬元購入，其中伊比斯達的兩百二十五萬元是萬國寶通銀行借貸的。那時是一九五二年四月二十二日。

此外，這家亞達高加斯原料公司還擁有百分之五十的費圖勞公司的產權，後者是美國第一流的出產提煉重油化學品的公司。後來，伊比斯達和梅耶把圖勞公司的股票賣出，獲得了五百五十萬元，剩下來的亞達高加斯原料公司的股票就等於沒有花什麼錢就輕而易舉地撈到手。

在商場上，大智若愚的商家爲了最終取勝，也經常使用小恩小惠的戰略，就是運用人性的弱點，以攻其不備的策略。這種軟性戰略的效果，往往勝過正面攻堅。

大部分的人都喜歡貪小便宜，但也不會平白無故地接受他人的好處。所以，一旦接受了，無形中產生一種願義務幫忙的潛意識，以回饋對方的好意。也許是義務宣傳你的好處，或在談判中降低對抗意識，這都是略施小惠的基本策略。

略施小惠是以一丁點、一丁點的施惠，用在同一個人身上，並且依不同時間給予好處。等累積到一定程度時，再運用「流水的啓示」，也就是利用當水漲到溢滿的程度時，會沖出一條新溝道來的原理，讓對方依我們的意志而主動配合，以達到預設的目的。一次又一次地施予對方小小好處，當有需求時，對方通常是不會，也無法拒絕的。

略施小惠是一種平常要準備的工作，如果一下子給予對方很大的好處，對方一定會疑懼你可能要求更大的回報而回避。所以施小惠時，要儘量順其自然，使對方可以大方地接受。久而久之，略施小惠的影響力便可發揮出來。

略施小惠，也可借著談判的最佳時機，展現最大的力量，亦即平時做好準備，戰時重點攻擊，攻無不克。

曾經有一個很挑剔裝潢的客戶，每次參觀房屋，總有好幾個理由，嫌屋況不適合。但經紀人依然不厭其煩，一次又一次地接、送、帶、看，而且每次用餐時，都是經紀人搶著付帳請客。

有一天，董事長找經紀人，對他說：

「有一位客戶，看上本公司所銷售的某一棟房屋，並指名業務員一定非你不可，否則不願繼續進行交易。」

這時，不但公司對他熱誠服務客戶的精神有所肯定，實質上，他也得到略施小惠的回報。

略施小惠，不只限於金錢的施惠，許多種方法亦可適用。如熱誠的服務，不就是略施小惠的方法之一嗎？

運用「略施小惠」的策略時，在技巧上要特別注意一點：態度要自然，不要讓人感覺到做作。否則，不但討人厭，說不定還會得罪人。天下最愚蠢的事，就是讓「資產」在無形中變成「負債」。如能做到「運用之妙，存乎一心」時，略施小惠，將會使人難以抗拒。

rule 23 放長線要有手腕

放長線釣魚也要有手腕，如果沒有把魚引來，你放再長的線也是空放一場。

善於放長線、釣大魚的人，看到大魚上鉤之後，總是不急著收線揚竿，更不把魚甩到岸上，因爲那樣做，到頭來不僅可能抓不到魚，還可能把釣竿折斷。

他會按捺下心頭的喜悅，不慌不忙地收幾下線，慢慢把魚拉近岸邊；一旦大魚掙扎，便又放鬆釣線，讓魚游竄幾下，再又慢慢收鈞。如此一收一弛，待到大魚精疲力盡，無力掙扎，才將它拉近岸邊，用提網兜拽上岸。

求人也是一樣，如果追得太緊，別人反而會一口回絕你的請求。只有耐心等待，才會有成功的喜訊來臨。

據說，某中小企業的董事長的交際手腕高人一籌。

他長期承包那些大電器公司的工程，對這些公司的重要人物常施以小恩小惠，這位董事長的交際方式與一般企業家的交際方式的不同之處是：不僅奉承公司要人，對年輕的職員也殷勤款待。

誰都知道，這位董事長並非無的放矢。

事前，他總是想方設法將電器公司內各員工的學歷、人際關係、工作能力和業績，作一次全面的調查和了解，認爲這個人大有可爲，以後會成爲該公司的要員時，不管他有多年輕，都盡心款待，這位董事長這樣做的目的，是爲日後獲得更多的利益作準備。

這位董事長明白，十個欠他人情債的人當中有九個會給他帶來意想不到的收益。他現在做的「虧本」生意，日後會利滾利地收回。

所以，當自己所看中的某位年輕職員晉升爲科長時，他會立即跑去慶祝，贈送禮物。同時還邀請他到高級餐館用餐。年輕的科長很少去過這類場所，因此，對他的這種盛情款待自然倍加感動，心想：我從前從未給過這位董事長任何好處，並且現在也沒有掌握重大交易決策權，這位董事長眞是位大好人！無形之中，這位年輕科長自然產生了感恩圖報的意識。

正在受寵若驚之際，這董事長卻說：「我們企業公司有今日，完全是靠貴公司的抬舉，因此，我向你這位優秀的職員表示謝意，也是應該的。」這樣說的用意，是不想讓這位職員有太大的心理負擔。

這樣，當有朝一日這些職員晉升至處長、經理等要職時，還記著這位董事長的恩惠。因此在生意競爭十分激烈的時期，許多承包商倒閉的倒閉了，破產的破產了，而這位董事長的公司卻仍舊生意興隆，其原因是由於他平常關係投資多的結果。

這位董事長的「放長線」手腕，確有他「老薑」的「辣味」。這也揭示求人交友要有長遠眼光，儘量少做臨時抱佛腳的買賣，而要注意有目標的長期感情投資。同時，放長線釣大魚，還必須慧眼識英雄，才不至於將心血冤枉花在那些中看不中用的庸才身上，日後收不回老本。

rule 24

得到了也要半推半就

人都愛面子，自己爭取機會，或者人家一推舉就答應，萬一表現得不好，甚至被大家轟下臺，多麼沒面子！我們也應該負責任，不做則已，一做必定要做好。

爲了爭取選票，不得不擺出一副「捨我其誰」的姿態。這種「英雄」角色，在東方的社會往往得不到好結果。

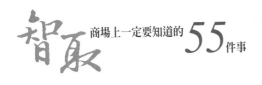

精明人深明「凡求來的都不值得」的道理，一向主張「不忮不求」。「當仁不讓」這一句話，是用來鼓勵別人的，請他不要再行退讓。不像一些愚智之人，根本未經一番禮讓，便自吹自擂「當仁不讓」，而不知羞愧！

自己說自己當仁不讓，固然給人「自我膨脹」的不良印象，而且萬一落選，很不容易面對大眾，所以只好以「贏得清白」來抹黑選舉，用「不公平」來掩飾自己的失敗。最倒楣的，便是當選以後若有什麼事情處理得不妥善，人家就笑他：「有多少才能也不自己秤一秤，這樣的能力，當初還敢自誇當仁不讓？」

自己捧自己，永遠不如旁人捧自己。

被捧的時候，當仁不讓，毫不推辭，滿口「謝謝，謝謝」，已經有失風度，若是乘機自吹自擂，就更爲不智。

如果採取「半推半就」的姿態，說不承認又像承認，說承認又像不承認，豈不藝術？

精明人總是推來推去，爲什麼？因爲他精明！

有人說精明的中國人是「同時說兩句話的民族」，一方面說「讓一步海闊天空」，一方面則鼓勵大家「當仁不讓」。

到底要「讓」還是「不讓」？答案十分清楚：「應該讓的時候要讓，不應該讓的時候，必須不讓。」可惜很多人始終聽不明白搞不清楚這種讓與不讓的道理，那只能說那人在辦事時不夠精明。

第一，我們只說「不讓」，很不願意說「爭」，希望大家不要爭。因爲中國人不爭則已，一爭總是不擇手段，非爭到你死我活，絕不罷手。

能夠不爭，大家都不要爭，多麼愉快。不能夠不爭，不得不爭，這時候仍舊不去爭，用「不讓」來爭，代表「不爭之爭」，才是精明人推崇的君子之爭。

「爭」和「不爭」的分別，前者依憑「自己捧自己」，後者得力於「他人捧自己」。

自己捧自己，一切好話由自己親口說盡，多麼委屈，也可能淪爲無恥。他人捧自己，有那麼多人肯捧，表示公道自在人心，豈非光彩而有面子？

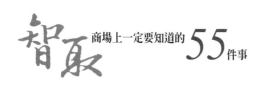

自己不爭，他人卻樂意爲我而爭。我們不需要爭，只要做到不讓，大家就會認定當仁不讓，多麼體面！

其次，一般人只夠資格禮讓，惟有極少數人夠資格不讓。我們常說禮讓，很少說當仁不讓，意思是「當仁」者實在並不多，不要時時、處處以爲自己當仁，因而時刻都堅持不讓。

從事情性質、輕重、緩急、大小來判斷「當仁」尺度，我們很容易覺察大部分事情實在不可爭，也不必爭，這就是精明人辨事的精明之處。當仁不當仁，一爭便看不出來，因爲大家都各自以爲當仁，勢必盲目亂爭。當仁不當仁，一讓就十分明顯，大家互相推讓，當仁的人幾乎立即凸顯而出，很容易被大家推舉出來。

要緊的是，被推舉的人必須謙讓，才能夠確認當仁的眞實性與切合性。

立法委員在立法院據理力爭，近乎當仁。立法委員被推上臺唱歌，客氣的成分比較大，眞實性偏低，此時不自認爲當仁，才叫做識相。盲目自以爲當仁，大多令人搖頭。尤其是上電視當眾歌唱，更是最好敬謝不敏，方爲上策。

最後，當仁不當仁，畢竟不夠科學化，不能十分明確。因此確然自覺當仁，仍以半推半就爲宜。

半推半就並不是精明人的萬金油，隨時可擦，也不是沙隆巴斯，到處可貼。半推半就就是指確實當仁，而且推辭不掉，實在沒有辦法，才勉強爲之。

rule 25

捨小利贏大利

捨小利是投資，巨大的利益是從捨小利開始創造的。

《老子》中說：「名與身孰親？身與貨孰多？得與失孰病？是故甚愛必大費，多藏必厚亡。故知足不辱，知止不殆，可以長久。」是講人的一生之中，名譽、名聲和生命到底哪個更重要呢？自身與財物相比，何者是第一位的呢？得到名利地位與喪失生命相衡量起來，哪一個是眞正的得到，哪一個又是眞正的喪失呢？所以說，過分追求名利地位就會付出很大的代價，擁有龐大的貯藏，一旦生變則必然是巨大的損失。對於追求名利地位這些東西，要適可而止，否則就會受到屈辱，喪失你一生中最爲寶貴的東西。

老子的話極具辯證法思想，告訴我們應該站在一個什麼樣的立場上看得失的問題。

也許一個人可以做到虛懷若谷，大智若愚，但是事事吃虧，總覺得自己在遭受損失，漸漸地就會心理不平衡，於是就會計較自己的得失，再也不肯忍氣吞聲地吃虧，一定要分辯個明明白白，結果朋友之間，同事之間是非不斷，自己也惹得一身閒氣，而所想到的也照樣沒有得到，這是失的多還是得的多呢？

春秋戰國時期的宓子賤，是孔子的弟子，魯國人。有一次齊國進攻魯國，戰火迅速向魯國單父地區推進，而此時宓子賤正在做單父宰。當時也正値麥收季節，大片的麥子已經成熟了，不久就能夠收割入庫了，可是戰爭一來，這眼看到手的糧食就會讓齊國搶走。當地一些父老向宓子賤提出建議，說：「麥子馬上就熟了，應該趕在齊國軍隊到來之前，讓咱們這裡的老百姓去搶收，不管是誰種的，誰搶收了就歸誰所有，肥水不流外人田。」另一個也認爲：「是啊，這樣把糧食打下來，可以增加我們魯國的糧食，而齊國的軍隊也搶不走麥子作軍糧，他們沒有糧食，自然也堅持不了多久。」儘管鄉中父老再三請求，宓子賤堅決不同意這種做法，過了一些日子，齊軍一來，把單父地區的小麥一搶而空。

爲了這件事，許多父老埋怨宓子賤，魯國的大貴族季孫氏也非常憤怒，派使臣向宓子賤興師問罪。宓子賤說：「今天沒有麥子，明年我們可以再種。如果官府這次發佈告令，讓人們去搶收麥子，那些不種麥子的人則可能不勞而獲，得到不少好處，單父的百姓也許能搶回來一些麥子，但是那些趁火打劫的人以後便會年年期盼敵國的入侵，民風也會變得越來越敗壞，不是嗎？其實單父一年的小麥產量，對於魯國的強弱的影響微乎其微，魯國不因爲得到單父的麥子就強大起來，也不會因爲失去單父這一年的小麥而衰弱下去。但是如果讓單父的老百姓，以致於魯國的老百姓都存了這種借敵國入侵能獲取意外財物的心理，這是危害我們魯國的大敵，這種僥倖獲利的心理難以整治，那才是我們世世代代的大損失呀！」

宓子賤自有他的得失觀，他之所以拒絕父老的勸諫，容許入侵魯國的齊軍搶走了麥子，是認爲失掉的是有形的、有限的那一點點糧食，而讓民眾存有僥倖得財得利的心理才是無形的、無限的、長久的損失。得與失應該如何捨取，宓子賤作出了正確的選擇。要忍一時的失，才能有長久的得，要能忍小失，才能有大的收穫。

中國歷史上很多先哲都明白得失之間的關係。他們看重的是自身的修養，而非一時一事的得與失。

春秋戰國時期的子文，擔任楚國的令尹。這個人三次做官，任令尹之職，卻從不喜形於色，三次被免職，也怒不形於色。這是因爲他心裡平靜，認爲得失和他沒有關係了。子文心胸寬廣，明白爭一時得失毫無用處。該失的，爭也不一定能夠得到，越得不到，心理越不平衡，對自己毫無益處，不如不去計較這一點點損失。

患得患失的人是把個人的得失看得過重。其實人生百年，貪欲再多，官位權勢再大，錢財再多，也一樣是生不帶來死不帶走，處心積慮，挖空心思地巧取豪奪，難道就是人生的目的？這樣的人生難道就完善，就幸福嗎？過於注重個人的得失，使一個人變得心胸狹隘，斤斤計較，目光短淺。而一旦將個人利益的得失置於腦後，便能夠輕鬆對待身邊所發生的事，遇事從大局著眼，從長遠利益考慮問題。

南朝梁人張率，十二歲時就能做文章。天監年間，擔任司徒的職務，他喜歡喝酒。在親安的時候，他曾派家中的僕人運三千石米回家，等運到家裡，米已經耗去了大半。張率問其原因，僕人們回答說：「米被老鼠和鳥雀損耗掉了。」張率笑著說：「好大的鼠雀！」後來始終不再追究。張率不把財產的損失放在心上，是他的爲人有氣度，同時也看出來他的作風。糧食不可能被鼠雀吞掉那麼多，只能是僕人所爲，但追究起來，主僕之間關係僵化，糧食還能收得回來嗎？糧食已難收回，又造成主僕關係的惡化，這不是失的更多、更大嗎？同樣，唐朝柳公權，他家裡的東西總是被奴婢們偷走。他曾經收藏了一箱銀杯，雖然箱子外面的印封依然如故，可其中的杯子卻不見了，那些奴婢反而說不知道。柳公權笑著說：「銀杯都化成仙了。」從此不再追問。

《老子》中說：「禍往往與福同在，福中往往就潛伏著禍。」得到了不一定就是好事，失去了也不見得是件壞事。正確地看待個人的得失，不患得患失，才能眞正有所得。人不應該爲表面的得到而沾沾自喜，認識人，認識事物，都應該是認識他的根本。得也應得到眞的東西，不要爲虛假的東西所迷惑。失去固然可惜，但也要看失去的是什麼，如果是自身的缺點、問題，這樣的失又有什麼値得婉惜的呢？

rule 26

吃虧就是占便宜

吃虧即是占便宜，是用自己對客人的誠心誠意，換取對方對你的信任，所以，看起來自己辛苦點，吃點虧，但只要客人相信了你，你還怕以後得不到便宜嗎？

「誠招天下客」，講的就是以誠懇、誠實、誠心對待客人。

世界化學工業，歷來由美國、德國等工業國家稱雄。但到八〇年代，它的前五十名企業家的排名單上，第一次出現了華人企業家的名字：臺灣塑膠集團董事長王永慶。然而很少有人知道，五十年前，王永慶還是一個米店的小夥計。

那時，他每天的工作很簡單，就是給顧客送米。鄰居也是一家米店，而且是日本人開的。如何同日本人比高低呢？米都是一樣的，送米的人卻不同。小王想，顧客的米缸往往都有舊的米，新米再倒進去，舊米就更舊了。於是，他就想出了一個「出陳入新」的方法，每次送米時一定先把米缸裡剩餘的舊米倒出來，把缸清理乾淨，再倒進新米，最後把舊米放在上層。

這一出一進，只是一個小小的改進，卻出乎意料受到了顧客的歡迎，米店興旺起來了，壓倒了日本人的米店。

王永慶這一做法就是以誠待客法。正因爲他這樣以誠待客，所以，他才能擊敗日本人，取得了成功。

那麼，怎樣才能做到以誠待客呢？

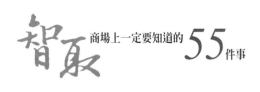

第一，處處要爲顧客著想。要從方便顧客出發，要從關心愛護顧客出發，這樣就能使顧客感受到你的誠心和誠意。

在菜市場賣菜維生的吳阿婆當選過市場的模範菜販。一次，一位老先生挑了一隻冬筍要她秤，秤下來約要六十五元，老先生已準備付錢，但吳阿婆發現冬筍內有蛀蟲，就向老先生說明，徵得老人的同意把冬筍殼剝去，削掉壞的部分，這樣處理後這冬筍變輕了，只能賣六十元。老先生感激地說：「舊社會做生意，一切爲了賺錢，壞的也要說成好的，你現在做生意一切爲了顧客著想。」這只冬筍雖然少賣了五元，卻得到了顧客的信賴。

還有一天下午，一位小朋友拿了五十元要買高麗菜。吳阿婆逢小顧客來買菜，總要問清楚作什麼用才上秤。當她得知是要買來做湯的，就對小朋友講，只買四十元大小的就夠了，買多了吃不了，就白浪費了。吳阿婆少做了十元的生意，卻做到了「童叟無欺」。

如果吳阿婆不是做到處處爲顧客著想，那麼她就不可能這樣誠心地對待顧客了。

第二，爲了對顧客表示誠意，寧願自己吃虧也心甘情願。

一家水果批發公司到外地與果農洽談生意，他們提的價格適中，條件優厚，但就是談不成功。原來，前幾年也有人來談水果買賣，當時說得天花亂墜，等到貨一到手就全變卦了。果農害怕再上當受騙，就不敢輕易地相信別人了。

幾天後，恰巧刮了一場大風，一些尚未成熟的水果被風刮掉在地上。有些果農提出，讓水果公司收購這些落地水果。果農以為這種眼見吃虧的事對方肯定不幹的。可是那家公司的負責人卻願以優惠價格全部購進，去做蜜餞和罐頭，並當場付現款。此舉立刻贏得了果農的信任，紛紛與這家公司簽訂合約，願以最低價格優先保證對方需要。寧願自己吃虧，結果贏得了對方的信任，這家公司得到了優先保證。

rule 27 直不行就繞個彎

曲則全，枉則直，只有拐個彎才能達到目的，並且達到得更快更好，那又何必不做呢？要知「寧向直中取，不向曲中求」可是一個天大的錯誤。

漢武帝有個奶媽，他自小是由她帶大的。歷史上皇帝的奶媽經常出毛病，問題大得很。因爲皇帝是她的乾兒子，這奶媽的無形權勢，當然很高，因此，「嘗於外犯事」，常常在外面做些犯法的事情；「帝欲申憲」，漢武帝也知道了，準備把她依法嚴辦。皇帝眞發脾氣了，就是奶媽也無可奈何，只好求救於東方朔，東方朔在漢武帝面前，是有名的可以調皮耍賴的人。

漢武帝與秦始皇不同，至少有兩個人他很喜歡，一個是東方朔，經常展現他的幽默滑稽、說笑話，儘管把漢武帝弄得啼笑皆非，漢武帝依然很喜歡他，因爲他說的做的都很有道理。另一個是汲黯，他人品道德好，經常頂撞漢武帝，講直話，使漢武帝下不了臺。由此看來，這位皇帝獨對這兩個人能夠容納重用，雖然官做得並不很大，但非常親近，對他自己經常有中和的作用。所以，東方朔在漢武帝面前，有很大的影響力。

奶媽想了半天，不能不求人家。皇帝要依法辦理，實在不能通融，只好來求他想辦法。他聽了奶媽的話後，說道：此非唇舌所爭，奶媽，注意啊！這件事情，只憑嘴巴來講，是沒有用的。因此，他教導奶媽說：「而必望濟者，將去時，但當屢顧帝，愼勿言此，或可萬一冀耳！」你要我眞救你，又有希望幫得上忙的話，等皇帝下命令要辦你的時候，叫人把你拉下去，你被牽走的時候，什麼都不要說，皇帝要你滾只好滾了，但你走兩步，便回頭看看皇帝，走兩步，又回頭看看皇帝，千萬不可要求說：「皇帝！是你的奶媽，請原諒我吧！」否則，你的頭將會落地。你什麼都不要講，餵皇帝吃奶的事更不要提。「或可萬一冀耳！」或者還有萬分之一的希望，可以保全你。

東方朔對奶媽這樣吩咐好了，等到漢武帝叫奶媽來問：「你在外面做了這許多壞事，太可惡了！」叫左右拉下去法辦。奶媽聽了，就照著東方朔的吩咐，走一兩步，就回頭看看皇帝，鼻涕眼淚直流。東方朔站在旁邊說：你這個老太太神經嘛！皇帝已經長大了，還要靠你餵奶吃嗎？你就快滾吧！東方朔這麼一講，漢武帝聽了很難過，心想自己自小在她的手中長大，現在要把她綁去砍頭，或者坐牢，心裡也著實難過，又聽到東方朔這樣一罵，便想算了，免了你這一次的罪吧！以後可不可再犯錯了。「帝淒然，即敕免罪」。

像這一類的事，看起來，是歷史上的一件小事，但由小可以概大。此所以東方朔的滑稽，不是亂來的。他是以滑稽的方式，運用了「曲則全」的藝術，救了漢武帝的奶媽的命，也免了漢武帝後來的內疚於心。

假如東方朔跑去跟漢武帝說：「皇帝！她好或不好，總是你的奶媽，免了她的罪吧！」那皇帝就更會火大了。也許說：奶媽又怎麼樣，奶媽就有三個頭嗎？而且關你什麼事，你爲什麼替她說情？可能她的犯罪，都是你的壞主意吧！同時把你這講話傢伙也一齊砍下頭來。那就吃不消了。他這樣一來，一方面替皇帝發了脾氣，如此一罵，皇帝難過了，也不需要再替她求情，皇帝自己後悔了，也不能怪東方朔，因爲東方朔並沒有請皇帝放她，是皇帝自己放了她，恩惠還是出在皇帝身上，這就是「曲則全」。

三國時代，劉備在四川當皇帝，碰上天旱，夏天長久不下雨，爲了求雨，乃下令不准私人家裡釀酒，就如現在政府命令，不准私釀雷同。因爲釀酒，也會浪費米糧和水，就下令不准釀酒。命令下達，執行命令的官吏，在執法上就發生了偏差，有的在老百姓家中搜出做酒的器具來，也要處罰。老百姓雖然沒有釀酒，而且只搜出以前用過的一些做酒工具，怎麼可算是犯法呢？但是執行的壞官吏，一得機會，便「乘時而駕」，花樣百出，不但可以邀功求賞，更藉故向老百姓敲詐、勒索。報上去說：某人家中，搜到釀酒的工具，必須要加以處罰，輕則罰金，重則坐牢。雖然劉備的命令，並沒有說搜到釀酒的工具要處罰，可是天高皇帝遠，老百姓有苦無處訴，弄得民怨處處，可能會醞釀出亂子來。簡雍是劉備的妻舅。有一天，簡雍與劉備兩郎舅一起出遊，順便視察，兩人同坐在一輛車子上，正向前走，簡雍一眼看到前面有個男人與一個女人在一起走路，機會來了，他就對劉備說：「這兩個人，準備姦淫，應該把他倆捉起來，按姦淫罪法辦。」劉備說：「你怎麼知道他們兩人欲行姦淫？又沒有證據，怎可亂辦呢！」簡雍說：「他們兩人身上，都有姦淫的工具啊！」劉備聽了哈哈大笑說：「我懂了，快把那些有釀酒器具的人放了吧。」這又是「曲則全」的一幕鬧劇。

當一個人發怒的時候，所謂「怒不可遏，惡不可長」。尤其是古代帝王專制政體的時代，皇上一發了脾氣，要想把他的脾氣堵住，那就糟了，他的脾氣反而發得更大，不能堵的，只能順其勢「曲則全」轉個彎，把他化掉就好了。這是說身爲大臣，做人家的幹部，尤其是做高階幹部，必須要善於運用的道理。

周朝，春秋時代的齊景公，在齊桓公之後，也是歷史上的一位明主。他擁有歷史上第一流政治家晏子晏嬰當宰相。當時有一個人得罪了齊景公，齊景公乃大發脾氣，抓來綁在殿下，要把這人一節節的砍掉。古代的「肢解」，是手腳四肢、頭腦胴體，一節節的分開，非常殘酷。同時齊景公還下命令，誰都不可以諫阻這件事，如果有人要諫阻，便要同樣的肢解。皇帝所講的話，就是法律。晏子聽了以後，把袖子一卷，裝得很凶的樣了，拿起刀來，把那人的頭髮揪住，一邊在鞋底下磨刀，做出一付要親自動手殺掉此人爲皇帝洩怒的樣子。然後慢慢地仰起頭來，向坐在上面發脾氣的景公問道：「報告皇上，我看了半天，很難下手，好像歷史上記載堯、舜、禹、湯、文王等這些明王聖主，在肢解殺人時，沒有說明應該先砍哪一部分才對？請問皇上，對此人應該先從哪裡砍起才能做到像堯舜一樣地殺得好？」齊景公聽了晏子的話，立刻警覺，自己如果要做一個明王聖主，又怎麼可以用此殘酷的方法殺人呢！所以對晏子說：「好了！放掉他，我錯了！」這又是「曲則全」的另一章。

晏子當時爲什麼不跪下來求情說：「皇上！這個人做的事對君國大計沒有關係，只是犯了一點小罪，使你萬歲爺生氣，這不是公罪，私罪只打兩百下屁股就好了，何必殺他呢！」如果晏子是這樣地爲他求情，那就糟了，可能火上加油，此人非死不可。他爲什麼搶先拿刀，要親自充當劊子手的樣子？因爲怕景公左右，有些莫明其妙的人，聽到主上要殺人，拿起刀來就砍，這個人就沒命了。他身爲大臣，搶先一步，把刀拿著，頭髮揪著，表演了半天，然後回頭問老闆，從前那些聖明皇帝要殺人，先向哪一個部位下手？我不知道，請主上指教是否是一刀刀的砍？意思就是說，你怎麼會是這樣的君主，會下這樣的命令呢？但他當時不能那麼直諫，直話直說，反使景公下不了臺階，弄得更糟。所以他便用上「曲則全」的諫勸藝術了！

rule 28

廣積糧，緩稱王

既能「廣積糧」，還怕不能「稱王」嗎？辦大事者善於觀其變，使自己在不利時機積蓄力量，在有利時機抓住機會。

「緩稱王」作爲朱元璋「高築牆、廣積糧、緩稱王」大戰略的最後一個環節，實際上也是最重要的一個環了。

當朱元璋提出「緩稱王」時，主要的幾路起義軍和較大的諸侯割據勢力中，除四川明玉珍、浙東方國珍外，其餘的領袖皆已稱王、稱帝。最早的徐壽輝，在彭瑩玉等人的擁立下，於元至正十一年（西元一三五一年）稱帝，國號天完。張士誠於元至正十三年（西元一三五二）年自稱誠王，國號大周。劉福通因韓山童被害，韓林兒下落不明之故，起兵數年未立「天子」，到元至正二十年（西元一三六〇年）徐壽輝被部下陳友諒所殺，陳友諒自立爲帝，國號大漢。四川明玉珍聞訊，也自立爲隴蜀王。

此時只有朱元璋依然十分冷靜。他明白「誰笑在最後，誰才是眞正的勝利者」這個道理。所以，他堅定地採納「緩稱王」的建議，作爲一路起義軍的領袖，給終不爲「王」、「帝」所動，直到元至正二十四年（西元一三六四年）朱元璋才稱爲吳王。至於稱帝，那已是元至正二十八年（一三六八年）的事情了。此時，天下局勢已明朗，也就是說，朱元璋即便不稱帝，也快是事實上的「帝」了。

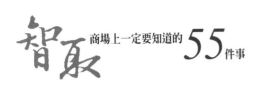

與其他各路起義軍迫不及待地稱王的作法相比較，朱元璋的「緩稱王」之戰略不可謂不高明。「緩稱王」的根本目的，乃在於最大限度地的減少已方獨立反元的政治色彩，從而最大限度地降低元朝對自己的關注程度，避免或大大減少過早與元軍主力和強勁諸侯軍隊決戰的可能。這樣一來，朱元璋就更有利於保存實力、積蓄力量，從而求得穩步發展了。

要知道，在天下大亂的封建朝代，起兵割據並不意味著與中央朝廷勢不兩立，不共戴天。但一旦冒出個什麼王或帝，打出個什麼國號，那就標誌著這股力與中央分庭抗禮了。因此，哪裡有什麼王或帝，朝廷必定要派大軍前去鎮壓。徐壽輝稱帝的第二年，元朝大軍就對天完政權發起大規模的進攻。同樣的道理，張士誠、劉福通等人，莫不爲元軍圍攻。

相比之下，只有尚未稱帝的朱元璋，一直到大舉北伐南征前，都未受到元軍主力進攻。原因之一，是朱元璋有徐壽輝（後爲陳友諒）、小明王、張士誠勢力的護衛，元軍要進攻朱元璋，必須經過他們佔據的地域。元軍曾進攻過張士誠的六屬，距離應天只有五六十公里，元軍可以到六合，當然可以到應天，否則朱元璋在稱帝之前，一直「忍辱負重」，隸屬於小明王的宋政權。當時天下稱帝者有三四個，處於搖搖欲墜中的元朝根本顧不上朱元璋這一類依附於某一政權的勢力。而朱元璋正是抓住了這有利契機，加緊擴大地盤，壯大力量，最後終於成爲收拾殘局的主宰者。

「緩稱王」還避免了過多地刺激個別強大的割據政權。元末雖亂，但到最後「冠軍」只能有一個。從這個意義上講，任何一個割據政權都是皇權路上的競爭者。因此，割據政權除要與朝廷鬥爭外，相互之間還有「競爭」，這種「競爭」實際上就是血腥的相互殘殺。正因爲朱元璋「緩稱王」，不但避免捲入這種殘殺，而且借隸屬於小明王的宋政權，一方面討得宋政權的歡心，另一方面，也得到了宋政權的庇護，可謂一箭雙鵰。

「緩稱王」關鍵在一個「緩」上。一旦時機成熟，朱元璋就當仁不讓了。元至正二十四年（西元一三六四年），軍事形勢對朱元璋集團十分有利，北面的宋政權已經名存實亡了，即便與朱反目，也不足爲慮；東面的張士誠已成爲驚弓之鳥，再成不了什麼大氣候；四川的明玉珍安於現狀，沒有遠圖，對朱元璋集團構不成大的威脅；而元軍在與宋軍的決戰中大傷元氣，且又陷入內戰之中，已無力南進。在這樣的大好形勢下，朱元璋憑藉自己強大的軍隊和廣闊的地盤，不失時機地公開表明自己的政治主張，自立爲王，而「廣積糧，緩稱王」之策，不僅體現在封建政治軍事鬥爭中，在當今商戰中也屢見不鮮。

本世紀二〇年代，正值美國汽車工業全面起飛時期，各大汽車公司紛紛推出色彩鮮豔的新型汽車，以滿足消費的不同需求，因而銷路大增。但是，福特汽車卻始終「穿」

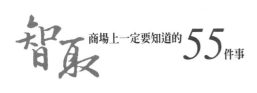

著「黑衫」，顯得嚴肅而又呆板，銷路一降再降。

然而，就是在這樣的情況下，無論各地要求福特供應花色汽車的代理商，還是對公司內的建議者，福特總是堅決頂回去：「福特車只有黑色的！我看不出黑色有什麼不好，至少它比其他顏色耐舊些。」

生產逐步艱難，福特開始裁減人員，部分設備停工，分司內外人心浮動，連福特夫人也不惑不解，弄不清無動於衷的福特到底在搞什麼名堂。

福特卻胸有成竹：「我們公司員工的待遇高於其他任何企業，他們不會有異心，同時，他們知道我是絕對不會服輸的，相信我不跟在別人後面生產淺色車，一定另有計劃。」

有人建議福特馬上把新車拿到市面上去銷售，福特詭譎地一笑：「讓他們先去出鋒頭吧。我倒要看看誰笑在最後！」

又有人打聽：「福特公司是不是在設計新車？新車一定有各種各樣的顏色吧？」

此時的福特顯得躊躇滿志：「不是正在設計，事實上早就定型了！也不是跟別人一樣，而是我們自己設計的，並且新車的價錢肯定比別人便宜！」這是福特一生的傑作之一，購買廢船拆卸後煉鋼，從而大大降低了鋼鐵的成本，爲即將推出的A型車奠定了勝利的基礎。

一九二七年五月，福特突然宣佈生產舊型車的工廠停產。這是福特公司二十四年來第一次停止汽車出產。

消息一出，舉世震驚，猜測蜂起。除了幾個主管負責人以外，誰也不知道福特打的是什麼算盤。令人感到奇怪的是，工廠雖停工了，可工人還是照常上班。這一情況引起了新聞界的極大好奇，而報紙上鋪天蓋地關於福特汽車的猜測、報導、評論，又使公眾本來就有好奇更加加以昇華。

兩個月後，福特終於宣佈：新的A型汽車將於十二月上市！這一消息比兩個月前工廠停產的消息引起的震動更大。

年底，色彩華麗、典雅輕便且價格低廉的福特A型汽車終於在人們的翹首等待中源源上市。果然，A型汽車一上市就引起消費者極大的興趣。它形成了福特公司第二次騰飛的輝煌局面。A型汽車的開發，早已確定了它在美國汽車產業的地位。而對其他各汽車公司以色彩、外型為武器咄咄逼人的攻勢，福特沒有直接應戰，而是養精蓄銳，揚長避短，抓住了品質和價格這兩個環節充分準備，一旦時機成熟，福特便毫不手軟，立即使對手由強變弱，而自己則泰然自若地坐回了霸主的寶座。

rule 29

捨不得孩子套不住狼

捨不得孩子套不住狼，大家都知道放長線釣大魚，只可惜有許多人連線都捨不得給，一心只想吃魚。

生意場上總是如江海波濤一樣，有起有伏，危機常常出現。如果急功近利，下賭注式地能撈則大撈一把，這是不能有廣闊發展前途的。只有把眼光放長遠，不怕暫時的損失，才能在波濤滾滾中安渡險關，取得長遠的發展。傑柏森的成功正是因爲他對這一經濟規律有透徹認識。

一九六七年六月，中東戰爭爆發後，東西方之間的海上門戶蘇黎士運河一度被關閉。日本和西方國家在中東購買的石油只好繞過好望角，在長途跋涉後回到本國。這種長途運輸導致對油船的需求大幅度增加，各航運公司紛紛大批購進油船，石油運輸業蜂擁而起，一時成爲世界航運業的熱門話題。

而在挪威的貝根，有一個年輕人卻對此有著獨特的看法。因他的船運公司只有七艘船，毫無競爭力，因此他宣佈賣掉油船，退出石油運輸的競爭熱潮。許多人對此大惑不解，還有一些人更是認爲傑柏森年輕無知，不趁著大好時機狠賺一把，卻退出競爭，搞其他方面的運輸。

面對人們的種種評論，傑柏森淡然置之。油船很輕易地就脫手了，利用賣油船的錢，傑柏森購進了幾艘散裝船，這種散裝船可以用來爲大企業運輸鋼鐵產品和其他各種散裝原材料。以此爲基礎，他與一些大企業簽訂了運輸鋼鐵產品和原材料的長期合約。

不久，一九七三年再次爆發中東戰爭。爲抵制美國等西方國家對以色列的支持，阿拉伯產油國紛紛提高油價。油價猛漲，使許多石油消費國大幅度削減石油需求量。與此同時，北海和阿拉斯加石油的成功開採，也改變了石油運輸的路線。這兩個原因使油輪的需求量銳減，給世界運輸行業帶來了根本的變化。運輸船轉爲過剩。各大油船公司在新情況下有的以遭受重大損失爲代價轉向其他方面，有的因缺乏足夠的財力無法轉向而處於崩潰狀態。而傑柏森憑藉其與工業部門簽訂的那些長期合約，運輸散裝貨物，盈利穩步上升，不僅安然度過航運業的衰退時期，而且逐步積累起資本，使公司有了進一步的發展。

今天的傑柏森公司已是挪威最有生氣的船運公司，在傑柏森的手中，掌握著總共一百二十萬噸的九十艘商船的大船隊，還有在世界各地的眾多投資。這些成果，可以說正是建立在其創業初期的明智決定之上的。

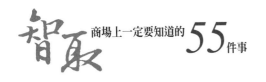

rule 30 在「輸」中找贏

贏即是輸，輸即是贏，因為輸贏和恩怨連在一起。在人與人之間，應該多輸少贏，以免無端生是非，如能用「輸」去「贏」，人生就更加美好。

郭君是個中小企業的負責人，和客戶來往，他有特別的一套。

郭君酒量不錯，也很會猜拳，可是每次和客戶應酬，他都謹守著「與其自己喝醉，不如被灌醉」，以及猜拳時「輸三拳，輸兩拳，全輸最好」的原則。郭君也會打麻將，可是他都「能輸儘量輸」。每回應酬，客戶們都很「高興」。

事後談生意，客戶們大都能按郭君的條件成交，而每回談生意時，郭君都會提及「那一天被你灌得好慘」或「你的拳路實在很難抓」，或「那天打麻將，眞不知怎麼搞的，手氣就是不順」。

郭君對人性的掌握相當準確，並將之表現在喝酒和打麻將上；雖然「辛苦」，但卻也有相對的代價，只要不弄壞身體，這代價是相當值得的。

郭君掌握的便是人性「好勝心」。

「好勝心」有屬於「自我挑戰」的好勝心，也有意欲贏別人的好勝心；自我挑戰的好勝心不是郭君所掌握的重點，郭君掌握的是人人都有的，意欲贏過別人的好勝心。

意欲贏過別人的好勝心的表現因各人條件的不同有很多種方式，有人靠事業來贏過別人，有人靠頭銜、社會地位來贏過別人，有人靠名牌衣服、寵物　來「贏」過別人，只要比別人的「好」，有了這種夢幻的「勝利感」便忘了他在其他方面其實是「輸」別人的。但也有人就是因爲其他方面「輸」別人，因此越加重視、誇耀他某方面「贏」過別人，就會非常明顯的心理補償作用，因此在某方面「贏」過別人，這是一種油然興起一種「滿足感」。人的欲望獲得滿足，內在少了壓力，對其他事情要求的尺度便會鬆一些，標準便會低一些，甚至也有因此失去自衛警覺的人。

郭君對待客戶的方式也是如此，他讓別人「贏」：尤其是讓喜歡贏的人贏，連無意贏的人也讓他「贏」。他讓別人因為「贏」而有滿足感、勝利感，也讓自己「輸」來造成別人的「虧欠感」，這一方面讓贏的人鬆懈警覺，一方面喚起贏的人彌補虧欠的意識，也就是「昨天把人家贏得那麼慘，今天再跟人家斤斤計較便不好意思了」的心理。總而言之，贏的人面對手下「敗將」，便自然往「讓步」的那個方向思考；對贏的人來說，這讓步也有「恩典」的意味，而這其實就是「輸」的人想要的。

所以，到底誰輸誰贏，有時候是很難講的。

當然，也不能「裝輸」裝得不像，否則讓對方知道你在「放水」，他「勝之不武」，反而會弄巧成拙，所以，有時候，也要「贏」，但切記不要常贏，也不要贏太多。

你「贏」，表示你強別人弱，或許這是「事實」，但天下哪一個人眞能認輸？雖然你贏是公正公平公開的，是在一定的遊戲規則之下贏的，但哪一個輸的人不想「湔雪前恥」？這從下棋的人一盤盤下個不停就可了解。因此你贏，接下來的便是要面對的接踵而來的挑戰。在一定遊戲規則下的「贏」猶是如此，其他方式，甚至「不義」的贏，就更要面對挑戰了。正大光明的擋戰無須懼怕，倒是暗地來的「挑戰」讓人猝不及防，這種「挑戰」有可能只有一兩次，也有可能持續相當長一段時間，說穿了，這種「挑戰」就是因「輸」而轉化的報復行爲。

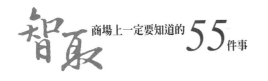

第四篇

商場上一定要知道的決勝術

成功者做事時善於變化思維，
能夠爲自己的命運帶來轉機。

rule 31 信守承諾

承諾是金。

「世事洞明皆學問，人情練達即文章。」爲人處世雖然複雜，需要察顏觀色，見機行事，靈活多變，但萬變不離其宗，做人最根本的一條便是講誠信。

誠信，就是要說眞話，道實情，守信用，講信任，說話算話。

誠信是一種可貴的品質。「言必信，信必行，行必果」，這種一諾千金、一言九鼎的精神。在中華民族博大精深的文化底蘊中，誠信二字的份量可謂沉甸甸的。因爲講誠信，劉備實踐了自己的眞言：「我得軍師，猶魚之得水也。」他充分信任、重用諸葛亮，最終成就了一番事業，同樣因爲講誠信，諸葛亮知恩圖報，輔助後主，力保蜀漢政權，鞠躬盡瘁，死而後已。還是因爲講誠信，關羽銘記「桃園結義」的誓言，「身在曹營心在漢」，「千里走單騎」，歷盡千辛萬苦也要回到劉備身邊。人們崇拜諸葛亮，敬仰關羽，就是崇拜、敬仰他們這種講誠信的可貴品質。

誠信是一種情感的表達。無論是夫妻、朋友還是同事甚至是陌生人，良好的溝通與交流講求的都是眞情流露，這是建立在眞誠表達、無欲無求的基礎之上的。現在，社會越來越開放，人際交往越來越頻繁，要獲得別人的情感認同，不斷取得信任，就應該「己所不欲，勿施於人」，「己欲立而立人」，從小事做起，友善待人。要知道，不管時代怎麼變，爲人處世的基本準則不會變，也不能變。「人敬我一尺，我敬人一丈」，「人心換人心，八兩換半斤」，你待人友善，別人也會友善待你，否則，「針尖對芒刺」，只會兩敗俱傷。流露出每個人的眞情，展現出每個人的誠信，生活怎能不美好！

誠信是一種巨大的力量。信任的基礎是信用。信用是處理市場關係的基本原則。也是處理人際關係的基本準則。一個不講信用和承諾的員工，在工作或生活中肯定得不到主管、同事、朋友乃至親人的信任，最終將成爲孤家寡人，一事無成。同樣，一個不講信用和承諾的主管人士，肯定得不到廣大群眾的信任，最終這個企業將失去應有的生機和活力。相反，如果人們彼此講求誠信，它所激發出來的力量是巨大的。誠信就像一輛直通車，選擇的是溝通心靈距離的最佳路徑，喚起的是一種大家發自肺腑的參與感、認同感和榮譽感。誠信還是最佳的粘合劑，它聚合的是人們對共同目標的不懈追求，構築的是幸福生活的歸宿。這是一種神奇的力量。孫子兵法雲「上下同欲者勝」，講的就是這種神奇力量產生的結果。

誠信是一種高貴的姿態。常言道，勿以善小而不爲，勿以惡小而爲之。記得在大學新生迎接會上，老師故意把一個空的礦泉水瓶放在地上，大多數同學視而不見，頂多說一聲「怎麼沒人撿啊」，只有一個胖胖矮矮的男生默默地走到教室中間從容的拾起瓶子扔到垃圾箱。他的眞誠感動了在座所有人，博得了我們的信任，同時也使我們覺得自愧不如。半年後這個男生成了學校的學生會主席。能爲小善者必是眞誠守信主人，必將是爲大善者。雖然人不能以簡單的善惡爲標準來衡量，但沒有人喜歡和不善者在一起共事，在道德倫理面前，文明總是比邪惡高出一頭。

誠信是一種現實的需要。誠信也是一種重要的資源，對商家而言尤是如此。當今社會尤其是商業領域，不講誠信的現象屢見不鮮，結果導致假冒僞劣、合約欺詐、騙稅逃稅等違法經營屢禁不止，這不僅影響了經濟活動的健康進行，而且損害了個人、企業乃至國家的整體利益。時至今日，「明禮誠信」已被列爲每個公民都必須遵守的基本道德規範之一。

在這個時代，人格信譽是自身最寶貴的無形資產，是每個人的立身之本。一個人如果時時、處處、事事講信用，那麼他的事業將會走向成功，人生將會亮麗多姿。反之，一個處處背離信用的人生將黯淡無光。香港商界人物李嘉誠關於成功的經驗說過：「人一生中最重要的是守信。我現在就算有多十倍的資金，也不足以應付那麼多的生意，而且很多是別人主動找我的，這些都是爲人守信的結果。」一個人如果經常食言，久而久之他定會失去周圍人的支持和信任，最終會抑鬱、不得志。誠信是做人的起點，也是做人的歸宿。離開誠信二字，就沒資格談情感、氣節、教養。如果你是一個誠信的人，你將一生因此受益無窮。

俗話說，人以信爲本，店無信不昌，人無信不立。眞誠是要善良，守信是要律己。

所謂信，是指信譽、信用。即切實履行和別人約定的事情與諾言，說到就要做到。

商業上的承諾最爲實在。

有一個信守承諾的例子發生於一九八二年。一個精神異常的人在美國強生公司生產的「泰利諾」膠囊中摻入氰化鉀，造成五個人死於非命，因而引發了「泰利諾危機」。公司當即發動全體員工將貨架上的產品全部收回。但第二天，加州又發現下毒的藥，說明下毒的不在於已收回的那批產品。於是強生董事長每半小時舉行一次記者會，向大眾說明眞相，並向全美所有銷售網路回收產品，結果又發現兩瓶下毒的藥。強生原本可以不負責任，推給警方，但他們沒這樣做，反而在一周內重新設計新包裝；一月內新包裝開始生產，也就是說，從危機突發那一刻起，強生決策層根本沒想到成本。該公司耗資十一億美金回收九點三萬瓶泰利諾膠囊，並給消費者調換安全的泰利諾膠囊，使公司渡過了生存危機。事後，據華爾街分析家認爲，強生是塞翁失馬。由於他們迅速反應，反而維持了顧客對其的忠誠，下毒事件曝光後已有半數顧客表示將不再買其產品，但到一九八五年，強生已收復近百分之三十五的市場。

rule 32

從基層做起

吃得苦中苦，方為人上人。在剛步入社會的時候，不妨放下架子，甘心從基礎幹起。

維斯卡亞公司是美國八〇年代最爲著名的機械製造公司，其產品銷往全世界，並代表著當今重型機械製造業的最高水準。許多人畢業後到該公司求職遭拒絕，原因很簡單，該公司的高階技術人員爆滿，不再需要各種高階技術人才。但是令人垂涎的待遇和足以自豪、炫耀的地位仍然向那些有志的求職者閃爍著誘人的光環。

詹姆士和許多人的命運一樣，在該公司每年一次的新人招募會上被拒絕申請，其實這時的新人招募會已經是徒有虛名了。詹姆士並沒有死心，他發誓一定要進入維斯卡亞重型機械製造公司。於是他採取了一個特殊的策略，假裝自己一無所長。

他先找到公司人事部，提出爲該公司無償提供勞動力，請求公司分派給他任何工作，他都不計任何報酬來完成。公司起初覺得這簡直不可思議，但考慮到不用任何花費，也用不著操心，於是便分派他去打掃車間裡的廢鐵屑。一年來，詹姆士勤勤懇懇地重複著這種簡單但是勞累的工作。爲了糊口，下班後他還要去酒吧打工。這樣雖然得到老闆及工人們的好感，但是仍然沒有一個人提到錄用他的問題。

一九九〇年初，公司的許多訂單紛紛被退回，理由均是產品品質有問題，爲此公司將蒙受巨大的損失。公司董事會爲了挽救頹勢，緊急召開會議商議解決，當某次會議進行一大半卻尚未見眉目時，詹姆士闖入會議室，提出要直接見總經理。在會上，詹姆士把對這一問題出現的原因作了令人信服的解釋，並且就工程技術上的問題提出了自己的看法，隨後拿出了自己對產品的改造設計圖。這個設計非常先進，恰到好處地保留了原來機械的優點，同時克服了已出現的弊病。總經理及董事會的董事見到這個編制外清潔工如此精明在行，便詢問他的背景以及現狀。詹姆士面對公司的最高決策者們，將自己的意圖和盤托出，經董事會舉手表決，詹姆士當即被聘爲公司負責生產技術問題的副總經理。

原來，詹姆士在做清掃工時，利用清掃工到處走動的特點，細心察看了整個公司各部門的生產情況，並一一作了詳細記錄，發現了所存在的技術性問題並想出解決的辦法。爲此，他花了近一年的時間搞設計，做了大量的統計資料，爲最後一展雄姿奠定了基礎。

rule 33

速戰速決，快刀斬亂麻

做事應該明快時，千萬不能猶豫，否則好時機就會從眼前錯過。

兵家常說：「用兵之害，猶豫最大也。」實際上，猶豫不決，當斷不斷的禍害，不僅僅表現於戰場上，在現代的商業戰略上又何嘗不是如此呢?商戰之中，機不可失，時不再來，如果猶豫不決，當斷不斷，那你在商場上只會一敗塗地，無立身之處。因此，斬釘截鐵、堅決果斷，已成爲當代經營企業家的成功秘訣之一。當然，這裡說的當機立斷，首先，指的是認準現況、深思熟慮後的果敢行動，而不是心血來潮或憑意氣用事的有勇無謀。宋人張泳說：「臨事三難：能見，爲一；見能行，爲二；行必果決，爲三。」當機立斷的另一方面，並非僅僅指進攻和發展。有時，按兵不動或必要的撤退也是一種果敢的行爲，該等待觀望時就應按兵不動。撤退時就應該撤退，這也是一種當機立斷的行爲。

最讓人感慨的當是「夜長夢多」這一俗語了。夜長夢多，指的是做某些事，如果歷時太長，或拖得太久，就容易出問題。

「夜長」了，「噩夢」就多，睡覺的人會受到意外的驚嚇，反而降低了睡眠的效果。同理，做事猶猶豫豫，久不決斷，也會錯失良機。「失時非賢者也」。

《史記》中有「兵爲兇器」的說法。意思是說，不在萬不得已時，不得出兵；但是，一旦出兵就得速戰速決。「勞師遠征」或「長期用兵」，每每帶來的都是失敗。

拿破崙窮兵黷武，征戰歐洲，不可一世，但後來卻有了「滑鐵盧」之悲劇；希特勒瘋狂於侵略他國，得到的卻是國破家亡，主權不保。這都是由於：

第一，他們沒有認清戰爭的害處；

第二，他們不懂得「夜長夢多」的眞正外延。

中國人向來講究不文不火，從容自若，慢條斯理的做事態度，大難臨頭，「刀架脖子上」也能泰然處之。能夠做到這樣，才算得上氣宇大度的君子。然而，這並不是說中國人就喜歡做事拖拉，或不善於抓住戰機。事實上，中國人在追求和諧、寧靜、優雅的同時，無時不在潛心於捕捉機遇。

有一種「無爲而治」的政治哲學。從表面上看，它似乎也是優哉遊哉的處世信條，但就其內涵，遠非字面那麼淺顯。所謂「無爲」並不是單純的「不爲」，而是「陰謀詭計」之極爲，它無時不在寧靜的外表下進行頻繁的權謀術數的操作。

打個比方，一個車輪，以無限的速度旋轉，似乎就看不到它在旋轉了，抑或看到的是倒轉，「無爲」就是這種狀態，「無爲」才能「無不爲」。因此，做事應快速決斷，不要猶豫、踟躕。

rule 34

該出手時就出手

如果你想贏，那麼你就要先贏了一半。強者總是試圖永遠保持自我控制能力。這種能力能顯示出真正的人格和心力。不能控制自己，不能贏了自己，還怎麼贏人呢？

凡事要動腦子，該出手時就出手，因而會有許多意外在等著你……

豐臣秀吉，是日本幕府時代權傾朝野的攝政大臣。一人之下，萬人之上，沒有人敢對他說個「不」字。

有一次，豐臣秀吉突然命令下屬準備一下，次日隨他上山採蘑菇。

這可讓他的一幫部下急壞了。如今已過了採蘑菇的時節，山上的蘑菇早沒了。但是採不到，老虎一發威，可不是鬧著玩的。

下屬們絞盡腦汁，終於想出了一條計策。他們到附近村落裡緊急收購了一批蘑菇，並把它插到了豐臣秀吉要來的地方。第二天一大早，豐臣秀吉便帶著下屬們來採蘑菇了。

「啊呀！這蘑菇眞好，沒想到現在還有這麼好的蘑菇！」豐臣秀吉讚歎道。

「其實這蘑菇是他們怕大王您採不到而降罪，昨晚連夜插上去的。」其中一個下屬乘機「告密」。

豐臣秀吉點了點頭，歎了一口氣說：「農民出身的我，怎麼會看不出其中的蹊蹺。大家爲了我而辛苦了一夜，這份苦心，我又怎麼會怪罪呢？爲了感謝大家，這些蘑菇就分給你們去品嘗吧！」

面對這個沒人敢說「不」字的人物，聰明的下屬們巧用心機，讓他自動放棄了自己不切實際的需要。屬下的行爲，使豐臣秀吉明白了屬下的一片苦心。這份苦心又是對豐臣秀吉無聲的讚美，讚美他擁有的權力和地位。他有支配下屬生死的地位，他們不擇手段的來滿足他的意願。想到這些，豐臣秀吉自然會產生心理上的滿足感。下屬那些行爲，也達到了讚美的效果。

當你的上司向你提出了你不可能做到的要求，只要你做出竭盡全力爲他的要求忙碌的樣子，雖然你無法達成上司的要求，但同樣會博得他的好感。

對自己認可的事，我們要執著，因爲只有透過內心深處，才能發現眞實自我！

有一位老飛行員，接受了一項特殊的任務。不是扔炸彈也不是接名人，而是運老虎，這是一隻當做親善大使之用的成年老虎。老虎很不服氣被關在大鐵籠子裡，在被運上飛機的那一刻還不忘不大不小地吼了一聲。

飛行員覺得很有趣，他在前面開飛機，身後就是老虎的鐵籠子，和百獸之王進行如此面對面的交流，這種情況還眞不多見。

開了一會兒，飛行員又回過頭去瞧老虎。「天哪！」他不禁一哆嗦，老虎離他只有幾步之遙，正在向他逼近。該死的鐵籠子，竟然沒有關嚴！

緊急之中，他沒有大叫著亂跑，其實即使他這樣做了也無路可退，相反地，他睜大了眼睛，狠狠地盯著老虎，像一頭發威的雄獅。

奇蹟出現了，老虎和他對視了一會，竟然自己又走回到籠子裡。飛行員化險爲夷。

rule 35 勇氣要和行動一致

辦事缺少勇氣就如衝鋒限陣的士兵沒有槍一樣，失敗的機率比成功的機率大多了。

一位父親很爲他的孩子苦惱，都已經十五六歲了，一點男子氣概都沒有。他去拜訪一位禪師，請求這位禪師幫他訓練他的孩子。

禪師說：「你把小孩留在我這裡三個月，這三個月你都不允許來看他。三個月後，我一定可以把你的小孩訓練成一個眞正的男人。」

三個月後，小孩的父親來接回小孩。

禪師安排了一場空手道比賽來向父親展示這三個月的訓練成果。被安排與小孩對打的是空手道的教練。教練一出手，這小孩便應聲倒地。但是小孩才剛倒地，便立刻又站起來接受挑戰。倒下去又站起來　如此來來回回總共十六次。

禪師問父親：「你覺得你小孩的表現夠不夠男子氣概？」「我簡直羞愧死了，想不到我送他來這裡受訓三個月，我所看到的結果是他這麼不經打，被人一打就倒。」父親回答。禪師說：「我很遺憾你只看到表面的勝負。你沒有看到你兒子那種倒下去立刻又站起來的勇氣及毅力，那才是眞正的男子氣概！」

這個故事給「勇敢」下了一個定義，那就是不屈不撓的精神，就是一種敢作敢爲的勇氣。我們還知道，當人們鼓起勇氣去面對一件事情的時候，並不意味著他馬上就會去做，而是可能思前想後，顧慮重重。那都不是勇敢的表現，勇敢就是想到就去做，表現在行動上。

當我們決定一件大事時，心裡一定會很矛盾，面對這到底要不要做的困擾，現實就是，只有你勇敢的去做了，你才可能做好，如果你沒有這份勇氣，你就永遠不會成功。

詹姆士是個普通的年輕人。大約二十幾歲，有妻子和小孩，收入並不多。他們全家住在租來的一間小公寓裡，夫婦倆人都渴望有一棟自己的新房子。他們希望有較大的活動空間，比較乾淨的環境，小孩有大一點的地方玩，做爲自己的一份產業。

年輕人買房子的確很困難，必須要先存一筆頭期款才行。某天，當詹姆士匯出下個月的房租時，突然非常的不耐煩，他覺得房租跟房貸相當，卻是一去不回。

詹姆士就跟妻子說：「下個禮拜我們就去買一棟新房子，你看怎樣？」「你怎麼突然想到這個？」他妻子問，「開玩笑，我們哪有能力？可能連頭期款都付不起。」

但是詹姆士已經下定決心：「跟我們一樣想買一棟新房子的年輕夫婦大約有幾十萬，其中只有一半能如願以償，一定是什麼念頭才使他們能實現願望。我們一定要想辦法買一棟房子，雖然我現在還不知道怎麼湊錢，可是一定要想辦法。」

到了第二個禮拜他們眞的找到一棟兩人都喜歡的房子，樸素大方又實用，總價是一萬兩千美元。現在的問題是怎樣湊出一萬兩千美元。詹姆士知道他無法從一般銀行借到這筆錢，因爲這樣會妨害他的信用，使他無法獲得另一項關於銷售款項的抵押借款。

後來他突然有了一個靈感，爲什麼不直接找承包商談談，向他私人貸款呢？他眞的這麼去做了。承包商開始很冷淡，由於他一再堅持，終於同意了。他同意詹姆士把一萬兩千美元的借款按月還一千美元，利息另外計算。

現在詹姆士要做的是，每個月湊出一千美元。夫婦兩個想盡辦法來省，一個月可以省下兩百五十美元，但還有七百五十美元要另外想辦法。

這時詹姆士又想到另一個點子。第二天早上他直接跟老闆解釋這件事，他的老闆也很高興他要買房子。詹姆士說：「老闆，你看，為了買房子，我每個月要多賺七百五十美元才行。我知道，當你認為我值得加薪時一定會加，可是現在我很想多賺一點錢，公司的某些事情可能在週末做更好，你能不能答應我在週末加班呢？有沒有這個可能呢？」

老闆對於他的誠懇和雄心非常感動，真的找出許多事情讓他在週末工作十小時。詹姆士和他的妻子因此歡歡喜喜的搬進新房子了。

有許多被動的人平庸一輩子，是因為他們一定要等到每一件事情都百分之百的有利、萬無一失以後才去做。當然，我們需要追求完美，但是人類的事情沒有一件絕對或接近完美。等到所有的條件都完美以後才去做，只能永遠等下去了。成功的人並不意味著在問題發生以前就能把他們統統消除，而是一旦發生問題時，有勇氣克服種種困難。

下面我們分析一下詹姆士是怎樣一步一步的實現他的目標的？

第一步，詹姆士的決心燃起心靈的火花，因而想出各種辦法來完成他的心願。

第二步，他的信心因而大增，下一次決定大事時更容易、更順手。

第三步，他提高家人的生活水準的願望，如果一直拖延，直到所有的條件都解決時，很可能永遠買不起了。

rule 36

不必在乎眼前虧

有人老把眼前利看得很重，結果是失去了永遠的利益，真正的精明人是寧吃眼前虧，而換來人生的大勝利。

在幸福與災禍這對矛盾關係上，中國的古人就已發現了他們的辯證關係，「塞翁失馬，焉知非福」就是最好的例證。

古時有一老翁，姓塞。由於不小心丟了一匹馬，鄰居們都認爲是件壞事，替他惋惜。塞翁卻說：「你們怎麼知道這不是件好事呢？」眾人聽了之後大笑，認爲塞翁丟馬後急瘋了。幾天以後，塞翁丟的馬又自己跑了回來，而且還帶回來一群馬。鄰居們看了，都十分羨慕，紛紛前來祝賀這件從天而降的大好事。塞翁卻板著臉說：「你們怎麼知道這不是件壞事呢？」大夥聽了，哈哈大笑，都認爲老翁是被好事樂瘋了，連好事壞事都分不出來。果然不出所料，過了幾天，塞翁的兒子騎新來的馬玩，一不小心把腿摔斷了。眾人都勸塞翁不要太難過，塞翁卻笑著說：「你們怎麼知道這不是件好事呢？」鄰居們都糊塗了，不知塞翁是什麼意思。事過不久，發生戰爭，所有身體健全的年輕人都被拉去當兵，派到最危險的第一線去打仗。而塞翁的兒子因為腿摔斷了未被徵用，他在家鄉大後方安全幸福的生活。這就是老子的《道德經》所宣揚的一種辯證思想。正是基於這種辯證關係，你就可以明白，即使是看起來很壞的「吃虧」，也能為你帶來想不到的好處。

美國亨利食品加工工業公司總經理亨利・霍金士先生突然從化驗室的報告單上發現，他們生產食品的配方中，有一種添加劑有毒，雖然毒性不大，但長期服用對身體有害。如果不用添加劑，則又會影響食品的鮮度。

亨利・霍金士考慮了一下，他認為應以誠對待顧客，毅然把這一有損銷量的事情告訴每位顧客，於是他當即向社會宣佈，防腐劑有毒，對身體有害。

這一來，霍金士面對了很大的壓力，食品銷路銳減不說，所有從事食品加工的老闆都聯合了起來，用一切手段向他反撲，指責他別有用心，打擊別人，抬高自己，他們一起抵制亨利公司的產品。亨利公司一下子跌到了瀕臨倒閉的邊緣。

苦苦掙扎了四年之後，亨利．霍金士已經傾家蕩產，但他的名聲卻家喻戶曉。這時候，政府站出來支持霍金士了。亨利公司的產品又成了人們放心滿意的熱門貨。

亨利公司在很短時間裡便恢復了元氣，規模擴大了兩倍。亨利．霍金士一舉登上了美國食品加工業的頭把椅子。

生活中總是有一些聰明的人，能從吃虧當中學到智慧，「吃虧是福」也是一種哲學的思路，其前提有兩個，一個是「知足」，另一個就是「安分」。「知足」則會對一切都感到滿意，對所得到的一切，內心充滿感激之情；「安分」則使人從來不奢望那些根本就是不可能得到的或者根本就不存在的東西。沒有妄想，也就不會有邪念。所以，表面上看來「吃虧是福」以及「知足」、「安分」會給人以不思進取之嫌，但是，這些思想也是在教導人們能成為對自己有清醒認識的人。

人非聖賢，誰都無法拋開七情六欲，但是，要成就大業，就得分清輕重緩急，該捨的就得忍痛割愛，該忍的就得從長計議。中國歷史上劉邦與項羽在稱雄爭霸、建立功業上，就表現出了不同的態度，最終也得到了不同的結果。蘇東坡在評判楚漢之爭時就說，項羽之所以會敗，就因爲他不能忍，不願意吃虧，白白浪費自己百戰百勝的勇猛；漢高祖劉邦之所以能勝就在於他能忍，懂得吃虧，養精蓄銳，等待時機，直攻項羽弊端，最後奪取勝利。

兩王平日的爲人處世之不同自不待說，楚漢戰爭中，劉邦的實力遠不如項羽，當項羽聽說劉邦已先入關，怒火沖天，決心要將劉邦的兵力消滅。當時項羽四十萬兵馬駐紮在鴻門，劉邦十萬兵馬駐紮在灞上，雙方只隔四十里，兵力懸殊，劉邦危在旦夕。在這種情況下，劉邦先是請張良陪同去見項羽的叔叔項伯，再三表白自己沒有反對項羽的意思，並與之結成兒女親家，請項伯在項羽面前說句好話。然後，第二天一清早，又帶著隨從，拿著禮物到鴻門去拜見項羽，低聲下氣的賠禮道歉，化解了項羽的怨氣，緩和了他們之間的關係。表面上看，劉邦忍氣吞聲，項羽掙足了面子，實際上劉邦以小忍換來自己和軍隊的安全，贏得了發展和壯大力量的時間。劉邦對不利條件的隱忍，對暫時失利的堅韌，反映了他對敵鬥爭的謀略，也體現了他巨大的心理承受能力。

劉邦正是靠著吃一些眼前虧、吃小虧的技巧贏得了最後的勝利。有人說劉邦是一忍得天下，相信這種智慧不是有勇無謀的人可以修煉到的本領。對於今天的現實生活，我們不一定還會遇到這樣敵我的關係，但無論在怎樣的條件下，都要記得勇氣不是一味的衝鋒陷陣，而是有勇有謀，忍讓、吃虧都是勇氣的表現。

rule 37

機會來了要「貪心」

機遇的確來之不易，一旦抓到了機遇，一定不能放手，要最大限度地利用所帶來的好處。

上帝是公平的，他賜予每個人以相同的機遇。但是有的人成功了，一躍成爲商業巨人、上層名流。而有的人終日庸庸碌碌，一事無成。原因就在於有人辦成了事抓住了機遇，有的人辦成了事還讓機遇輕易溜走。

歷數當今風流人物，非商界鉅子而莫屬。追溯他們的起家，大都是兩手空空，白手興業。於是，人們似乎對他們的財富並不是那麼感興趣，而想去深究的，則是他們何以在短暫的時間內創造出那麼多的財富。

機遇都降臨到了他們身上，並且被他們牢牢地抓住了。

有人說，香港好賺錢，於是爭相來港投資插足。也有人說，香港近二十年經濟發展、商業繁榮，才智之士，紛紛發達成名，各路英雄占盡關隘要津，各行各業已經「撈到盡」，新人已插足無縫了。這些看法，各有其觀察角度，言之成理而又不儘然。因此，這是不同的人對機遇是否存在的不同的看法。

陸肇天夫婦是六〇年代從中國內地到香港的移民，既無第二代創業者多少得到父蔭和良好的現成社會關係基礎，又無本地創業者已在商場血戰多年積累的經驗，完全是披荊斬棘，歷嘗艱辛，闖出道路，白手起家，最終創業有成。

陸肇天剛到香港時，由於內地資歷香港不予承認，所以被迫出賣體力，做小生意。最後他從一筆刀片訂單中開始積累了一定的資金，終於辦起了陸氏實業公司。

陸氏實業公司第一次騰飛是在一九七六年。當時正是電子計算機萌芽之時，許多大廠家看到這一新產品，但是拿不准，猶豫不敢上手，想再觀察清楚再下決心。但陸肇天的小公司卻沒有那麼多顧慮猶豫，看準這是投入電子計算機市場的有利時機，全力以赴，抓緊生產液晶電子計算機。正因爲他及時早著先鞭，競爭者少，在市場上放韁馳騁，獲得成功。等到群起效尤，市場飽和，陸氏已飽食遠颺，積累了經驗和資金，爲公司下一步發展打下了新的基礎。

機會又一次來臨。中國大陸實行改革開放政策，陸肇天得力於來自內地的生活經驗，看準了內地市場的巨大潛力和進行合作的有利時機，看到了內地勞工成本低廉和深圳近在咫尺，以及對外優惠的有利條件，立即與內地開展合作。

陸肇天當時便看到電視機是內地人民生活電器化的第一急需品，有龐大的需求市場，而率先生產黑白電視機，大量投入當時的內地市場，從而取得極大成功。及至內地人民生活要求提高，他又及時轉產彩色電視機。由於已建立起的內地市場良好關係，公司營業額一直穩步上升。產品擁有廣闊、穩定、可靠的內地市場。營業額中，百分之八十五來自內地。年產量已增至八十萬台，供應電視機零件給內地裝配的廠家亦由七家增至十二家。當年純利潤三千四百三十萬元，可見業績不凡。同時還不斷在設計上推陳出新，如方形機身、平面直角、立體聲等吸引客戶，成爲較早與內地建立良好合作關係、得到有力支援的香港電子業先驅。他的業績證明其眼光之準、動手之快。

有的人評論陸肇天，說他像個冒險家。但從陸氏的經歷可以說明他有敢冒風險的創業者精神，但決不是個冒險家。他的創業精神和鷹隼般的眼光是從生活磨煉中昇華的結果，既得力於先天，更成熟於後天。艱難的生活，海闊天空任其馳騁的環境，最能磨煉人，造就人，發揮人的才幹。陸氏實業創新的經過在香港、在內地都是個很有說服力的創業典範。

要想得到機遇，必須首先正確地認識機遇。機遇並不是憑空產生的，它也是事物發展到了一定階段所自然而然地發生的一種現象。所以我們不能坐等機遇，守株待兔的方式是註定要失敗的。

機遇只垂青於那些爲了理想、爲了成功而執著追求，奮鬥不止的人。

機遇固然重要，但具備抓住機遇的能力更重要。因此在平常做生意的過程中，一定要多學多做多觀察，去尋找機遇，去抓住機遇。

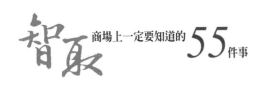

rule 38 在風險中把握機遇

無限風光在險峰，有機遇就有風險，那些在機遇而前畏首畏尾的人永遠會挫失良機。

經商沒有風險是假的，風險總是伴隨著機遇而來的，這是因爲，在獲得成功的機遇時，你也要爲成功付出代價。當然，風險並不是不能規避的，只要我們做好充分的事前準備，對可能出現的問題考慮周到並及時想出對策，就能化風險於機遇當中。

十一歲那年，李嘉誠來到香港。到了十四歲，由於父親去世，他輟學打工。再後來，他舅父讓他到他的鐘錶公司上班，但是他沒有答應，因爲他要自己找工作。從他年紀輕輕就不肯接受幫助，而要自己尋找機遇這點上就表現出他的自強獨立和自信的性格。

李嘉誠先是想到銀行尋找機會，因為他覺得銀行一定有錢，銀行是同錢打交道，它也不可能倒閉。但是銀行的夢想沒有成功，他當了一名茶館裡的堂官。那個時候，他每天工作近二十個小時，但儘管如此，他還是決定利用工餘時間自學完中學課程。

那時候他實在太窮，買不起書。他發現有些中學生會把舊書賣掉來換回一些錢。於是他找到做舊書生意的書店，買舊教材，一次只買一兩種，學完之後，又拿到舊書店去賣，用賣舊書的錢買回新的舊書。就這樣，李嘉誠既掌握了知識，又沒有浪費錢。

後來，他進了舅父的鐘錶公司，他建議舅父迅速佔領香港的中低檔鐘錶市場，結果大獲成功。

一九四六年，他十七歲，開始自己的創業道路，結果屢遭失敗，幾次陷入困境。

一九五〇年夏，李嘉誠創立了長江塑膠廠。他之所以要創立這個廠，是因為通過分析，他預計全世界將會掀起一場塑膠花革命，而當時的香港，塑膠花是一片空白。

這是一個機遇。

在工廠經營到第七個年頭的時候，李嘉誠開始放眼全球。一天，他在英文版《塑膠雜誌》上讀到一則簡短的消息：義大利一家公司已開發出利用塑膠原料製成的塑膠花，即將投入生產並進軍歐美市場。他立即想到另一個消息，許多家庭主婦喜愛在室內外裝飾花卉，但他們不懂種植嬌貴的植物花卉，塑膠插花可以彌補這一不足。他由此判斷，塑膠花的市場將是很大的，而且他要搶先佔領歐美這個市場。於是，李嘉誠以最快的速度趕到義大利，考察塑膠花的生產技術和銷售前景。

在義大利他先以經銷商的身份進入那家公司的產品陳列室，可是得不到具體的生產工藝和技術。他又想出一個絕招，他在這家公司的下屬廠打工清除廢棄物。他和一些技術工人交朋友，從他們口中套知有關技術。這個重要任務完成以後，他又去了解市場行情，認清了這個行業的未來前景。

從義大利回到香港，他就開始行動，搶先生產出塑膠花，迅速的佔領並鞏固了香港市場。接著，他開始向歐美市場進軍，這時候，一個重大機遇出現了。一位歐洲的大批發商看中了李嘉誠公司的產品價格低而找到他。但他要求李嘉誠有實力雄厚的公司和個人進行擔保。李嘉誠找不到擔保人·但他決不放棄。他與設計師一道通宵達旦連夜趕出九款樣品，批發商只準備訂一種，李嘉誠則每種設計了三款。就這樣，在沒有擔保的情況下，李嘉誠簽了第一份合約。長江公司很快佔領了大量的歐美市場。塑膠花使長江實業迅速崛起，李嘉誠也成爲世界「塑膠花大王」。

幾年後，李嘉誠已把重心轉向房地產。此時香港經濟迅速發展，港島和新九龍中心地價猛烈上升，等人們認識到這一行情時，洞察先機的李嘉誠已成爲地產界的主力軍。

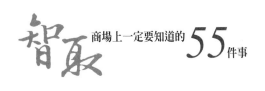

該投入的時候就投入，該撤出的時候就撤出，穩健的李嘉誠就是能夠審時度勢，見機行事，善於抓住機遇，努力拚搏。

香港的房地產業在香港經濟的發展中處於舉足輕重的地位，甚至被稱爲「香港經濟的寒暑表」。二十世紀六〇年代初期的香港，由於人口急劇膨脹，香港當局的土地政策，導致房地產的迅猛發展。在這股經營地產的狂潮中，李嘉誠一方面繼續大興土木，另一方面密切關注局勢的變化，市場的走向。幾年以後，隨著局勢的動盪，香港的房地產一次又一次顯示了它大起大落的特色。某年爆發銀行信用危機，房地產也受到冷落，價格一直下跌。許多建築公司、地產公司紛紛倒閉。在那個百業蕭條的年代裡，李嘉誠再次審「地」度勢，他一方面加強穩固塑膠業中保持獨佔鰲頭的地位，另一方面不動聲色的將利潤換成現金，充分利用這個機會，以低價收購了大量的地皮和舊房。到二十世紀七〇年代中期，李嘉誠從一九五八年擁有樓宇四萬平方公尺，發展到擁有樓宇兩百一十萬平方公尺。

李嘉誠的每一次發展都是一次機遇的實現，但如果你不具備獨到的眼光，不具備冒險的精神，你就永遠不可能獲得成功。風險是我們每個人都不願意面對的事情，但是要看到，所有的機遇都蘊藏在風險之中。李嘉誠甘冒香港整個房地產業不景氣的風險，是因爲他的判斷是地產業的機遇較大。如果因爲不願意冒險而放棄，你就永遠不要想尋找什麼機遇。畢竟，有得必有失才是眞正的道理。

rule 39

有變化就會有機會

羅丹說：「不是缺少美，而是缺少發現。」沒有辦不好的事，只要懂變化就會有契機。

很多人在生活中做事墨守成規，幾十年都不變。這種人一輩子都不會成功。做事時善於變化思維，就能夠給自己的命運帶來轉機。

王先生開了一家電腦公司，除了販售各種電腦軟硬體、配件外，也幫人家組裝電腦，一開始他的生意並不好，而且還因爲不愼輕信朋友，有兩萬多貨款無法追回，經過交涉，也只是抵了一批滑鼠墊，共有兩萬多張。

一個破滑鼠墊，隨便到什麼展覽會上就可以拿幾個，能有多少人買？兩萬隻滑鼠墊，怎麼才能賣得出去呢？王先生就像手持雞肋，食之無用，棄之可惜。生意越來越不好做，王先生只好閒坐著，看看報紙，或者玩玩電腦遊戲。

有一天，王先生的一個朋友來玩，閒聊之餘便坐在王先生的電腦前練習打字。這個朋友剛學會新的輸入法，一些字根還記不熟，翻書又麻煩，不由得說了句「要是字根就在滑鼠墊旁邊就好找了。」說者無心，聽者有意，王先生突發奇想：要是在這批滑鼠墊上印上字型的字根表，也許會方便那些記不準字根的人。但如果賣不出去的話，他又要多貼印刷的成本。想了想，他還是決定試一試，印上了字根表後，他到網咖、打字店、電腦培訓班等處推銷，果然賣了很多。一天，一個中年男子來到王先生的公司，看到了這種滑鼠墊，詢問了價格，說如果一個三十元的話，他會買兩萬個滑鼠墊。原來他也是一家電腦公司的老闆，最近他的公司接了一個大單子，與一家全國連鎖的企業台作系統整合方案，這個單子很大，桌上型電腦就要配兩萬台。連鎖企業方面要求，所用的桌上型電腦除了配齊常規的設置外，還特別強調每台電腦需要一個滑鼠墊和一張字型字根表。爲此，這個中年老闆走了好幾個地方，就是沒有合適的產品和合適的價位。今天看到王先生這裡的滑鼠墊上印著字型字根表，眞是喜不自勝。這下他可以兩件事情一次完成，兩樣東西用一樣東西的價錢買回去，省錢又省事，眞是打著燈籠也難找。王先生正好還剩差不多兩萬個滑鼠墊，這筆生意就成交了。

因爲一個小小的添加，死貨就變成了活錢。如果王先生一直不改變自己的辦事思路，那麼，就不會有機會推銷自己的滑鼠墊，有了變化就有了機會。

美國的艾吉隆公司董事長布希奈一次散步到了郊外，偶然地，他看到幾個小女孩正在玩一隻非常骯髒和異常醜陋的昆蟲，玩得愛不釋手。看著她們開心的樣子，布希耐頓時靈機一動，他想，市面上銷售的玩具都是優美漂亮的，如果生產一些醜陋的玩具，市場反應會如何呢？想到做到，他馬上叫手下的人研製出一批「醜陋玩具」，迅速投向了市場。

這一仗布希奈大獲全勝，他的「醜陋玩具」給公司帶來了巨大的經濟效益？讓同行們眼紅不已。醜陋玩具也就此風靡於世。就像有種玩具在一串小球上印滿了許多醜陋可怕的面孔，還有一雙鼓得像青蛙的帶著血色的眼球，眨起眼來就發出很難聽的聲音。這樣的一些奇醜玩具的售價甚至比漂亮的玩具還要高，但卻一直很暢銷。

這個故事說明：當辦一件事不能達到目的時，用反向思維來做，促使事物發生那麼一點點變化，就會是一個新的突破。

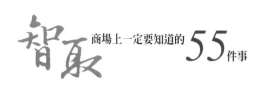

rule 40 不做沒把握的事

而要做到有把握，就必須知彼知己。孫子說：「不知彼而知己，一勝一負；不知彼，不知己，每戰必敗。」無論做何種事均應做好事前的調查工作，確實客觀地認清雙方的具體情況，才能獲勝。

《孫子》中說：「多算勝，少算不勝，由此觀之，勝負見矣。」這裡的「算」是指「勝算」，也就是致勝的把握。勝算較大的一方多半會獲勝，而勝算較小的一方則難免見負。又何況是毫無勝算的戰爭更不可能獲勝了。

戰術要依情勢的變化而定，整個戰爭的大局，必須要有事先充分的計畫，戰前的勝算多，才會獲勝，勝算小則不易勝利，這是顯而易見的道理。如果沒有勝算就與敵人作戰，那簡直是失策。因此，若居於劣勢，則不妨先行撤退，待敵人有可乘之機時再作打算。無視對手的實力強行進攻，無異於自取滅亡。

《孫子》在此處所表達的意思，是凡事不要太過樂觀，一旦大意輕敵，將陷入無法收拾的可悲境地。

這種傾向在其現代企業經營策略之中亦極明顯。的確，從某個角度來看，這種積極果敢的經營形態是造就日本經濟繁榮的因素之一。但是這種做法雖然適用於基礎的建立，卻難以持續發展下去。沒有把握的戰爭不可能一直僥倖獲勝，終究會碰到難以克服的障礙。因此，當我們要開創事業，或者拓展業務時，最好還是有致勝的把握再動手。

在任何時代任何國家，有資格被尊爲「名將」的人，都有個大原則，即不勉強應戰，或者發動毫無勝算的戰爭。如三國時的曹操便是一例。他的作戰方式被譽爲「軍無幸勝」。所謂的幸勝便是僥倖獲勝。實際上，曹操的致勝手段絕非如此，而是確實掌握相當的勝算，依照作戰計畫一步一步地進行，穩穩當當地獲取勝利。

在國際方面類似曹操的人，日本的武田信玄是一個。他所統率的武田軍團在二次大戰中所向披靡，理由之一便是他不打沒有勝算的戰爭。此外，中國歷史上的諸葛亮和世界歷史上的凱撒大帝等人，均是善於運籌帷幄，才建立了不朽的功勳。

雖說把握勝算，然而經濟活動是人與人之間的戰爭，所以不可能有完全的勝算。因爲其中包含著許多人爲的因素，諸如情感因素在內，所以不可能有完全的勝算，無法確實地掌握。不過，至少要有七成以上的勝算，才可進行計畫。

rule 41

決心激發潛力

一個人的潛能永遠超乎我們的想像，下定決心努力不懈，就能一次次的超越自己，實現他人做不到的事。

威廉・詹姆士告訴我們：「若與我們的潛能相比，我們只處於半醒狀態。我們只利用了我們肉體和心智慧源的很少一部分，往大處講，每個人離他的極限還遠得很，他擁有各種能力，但往往習慣性地未能運用它。」

世界冠軍蕾頓在她年輕的運動員生涯中，作了一次極危險的決策。在奧運會比賽時，她在跳躍動作中，得到了完美的十分，美國體操選手在奧運會中，從未達到如此成績。這時她竟不願見好就收，反而要求不必要的第二次試跳。她比任何人都更爲明白，這個決定有多麼危險，她可能會犯點錯，滑一跤或表現一丁點的誤差，只要一個小失誤，在極端嚴格的規則下，她就會失去她第一個滿分，前功盡棄且全盤皆輸；然而，她卻再一次得到了完美的十分。

蕾頓之所以做出如此冒險的決定，是出於她擁有必勝的把握，她對於自己長期以來的苦練有信心，相信自己，爲了這個比賽，她以無以倫比的決心，付出了許多代價。對她而言，那是她挑戰自我，肯定自我的絕對眞實的時刻！

假如你要去一家公司上班，所以你同這家公司總裁有約。他坐在桌邊，身子前傾著說道：「如果我雇用你，你能給我們帶來什麼？好的壞的都說給我聽了吧！」

你將做何回答？你能說出哪些資格、條件來？

任何公司都要經常盤點，通過檢查庫存貨品，弄清市場動向，自己要賣什麼，缺什麼、哪些產品過時了。

個人也一樣，需要時常檢查自己，問問自己有什麼特別的才智和技能，是否有能力與同事競爭，是否準備付出成功所需要的時間、思想和精力，自己掌握的東西過時與否。盡可能客觀地進行自我檢查、評估自己的能力，肯定自我的優勢認清自己的缺點。

rule 42

自我激勵的力量

認識自我、肯定自我，進而從成功的喜悅中欣賞自我、完善自我，才會品嘗到生活的甜美與幸福。才會得到他人的讚賞與尊敬。

松下幸之助常提及他初創業時兩三年的情景，那時候多少也有了一些固定的客戶，店員也雇了四五個，某個夏天的下午，和往常一樣，白天努力做完工作，傍晚就收了工沖涼（一種洗澡方式，用直徑大約二尺半的木製水盆盛水，在裡頭沖澡），現在已經很少有人用這種方式洗澡了。但四十年前，這種洗澡方式很普遍。就在當時，松下幸之助突然有個感覺：「今天做得眞不錯，自己都感到十分驕傲。」

這大概就是一種滿足感，這種自我滿足的心境，可以說是生活的充足感與生活的眞正意義。自己告訴自己：「今天做得很好。」這種自我褒獎自己、安撫自己，我認爲是一件很重要的事情。受人褒獎是件榮譽事。可是要達到自己能夠褒獎自己的進步，這樣工作，才能眞正感到生活的充實感及滿足感。

四十年前，辛苦地工作一天，自己滿足於今天一天的工作，在木盆裡放水沖洗疲憊的身體，然後吃晚飯，那種心滿意足的情景，至今仍清晰地浮現在松下幸之助眼前。對松下幸之助來說，那算是一生中最感愉快而愜意的日子。

松下幸之助後來受到客戶的愛護，事業蒸蒸日上，而有今天。可是對他而言，個人的滿足感、喜樂感，仍以當時最爲強烈。

松下幸之助還說，不論個人或團體，常低估了自己的價值，只有先肯定自我，才能完全發揮自己的實力，突破任何困境。

這實際上也是一個心態問題。許多著名的成功人士各有特點，但在擁有良好積極的心態這一點上卻有著驚人的一致性。

rule 43

凡事要試了才知道

有許多人連試的功夫都沒有，就妄下結論，結果事情辦砸了，理論也遭人嘲笑。

想從對方外表判斷一個人，或從社會地位、職業判斷人，卻不願說出自己的煩惱或需求的人很多。有的人則特意邀約對方談論某件事，然而一旦和對方見面後，又不習慣於當場的氣氛，而始終不願啓口論事。

「人要交往，馬要試騎」，這是人人皆知的道理。不開口的話，什麼事情也解決不了。與其什麼事都一開始就死心，不如抱著一試的心情，即使被取笑也沒關係，誠懇地與對方交談看看，請求對方助一臂之力，才是創造機會的明智之舉。

有種人會抱著「反正本來也無法解決」的心情，採取積極的戰術。這樣的人雖然任性，但具有強烈的依賴心，無論再煩惱、再無聊的小事都向他人傾訴，如此一來即可消除自己的焦躁感。換句話說，這些人已經把他們的缺點轉變爲對自己有利的優點。

有時候，我們常會聽到別人說這樣的話：

「原來是這件事啊！唉呀，如果你早點說，我就有辦法解決了！」

「今年的預算已經訂好了，眞不巧，明年再說吧！」

當我們著手思考某件事時，如果一開始就先告知對方，說不定這正是對方所急需的意見，使你獲得千載難逢的機會：

「我們正在編列預算，你的意見實在太好了，我們商討後會立刻通知你，謝謝你寶貴的建議。」

你是否也在一開頭就對某件事情死心呢？凡事要試了才知道，即使在閒談之中，把胸中累積的所有煩悶，毫不保留地傾吐出來，讓他人協助解決，說不定正是抓住時機的大好起步呢！

每個人都擁有不願爲人所知的一面，即使並非是什麼見不得人的秘密，但或多或少都有些心事隱藏在心裡面。目前是個成就顯赫的人，也有不願被人探知過去的歷史，如工作方面遭遇的失敗，血氣方剛犯下的大錯，肉體上的殘缺等。每個人都基於某種理由，有不願被人所知的一面，因而試圖將它隱藏在內心深處。

正由於心中有鬼不願外露，所以才裝做一副毫無弱點的姿態來與人交往，那是在刻意僞裝自己的內心。不過，當我們乾脆地解除自己的武裝，毫不掩飾地暴露所有的缺點，而以誠相見的時候，對方也相應地會以較爲輕鬆的姿態和我們交往。

通常，人們對我們意欲掩飾的行動，常故意投下注視的眼光，偶爾還可能故意往壞的方面想像。但如果我們本身解除警戒，並表示我們信賴對方、表示好感的話，對方反而會以誠相見。即使對方不懷好意而來，但當我們逐漸解除武裝，慢慢地暴露自己的某些缺點，採取較低的姿態，有時也可達到使對方將惡意轉變爲好意的效果。

如果你商場上的對手防禦堅強，而且表現得毫不通融的時候，你最好先洩露出自己的某些弱點，使對方解除戒心。即使是經常以嚴肅的死板臉孔斥責屬下的上司，只要以信賴他們的姿態交談，也會使會談意外順利地進行下去。

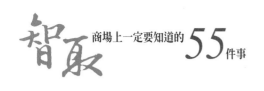

人類一方面嚴密地隱藏自己不願爲人所知的秘密，另一方面，又渴望將自己的秘密告訴某人。秘密是內心相當沉重的負擔，長久不安是很痛苦的事情。傾吐肚子裡的不幸、不滿，尋求相知的人了解，是人類本能上的欲求揭露自我，是巧妙地引導對方喚醒本能欲求的行動，也是使對方向你告白本身的弱點和秘密的踏腳石。

rule 44

近取利，遠交友

在既定的市場態勢下，攻取就近的競爭對手，友善遠處的潛在敵方，是商務談判中區別對象、分別對待的良策。但在行施時，要像古兵法提示的「火往上竄，水往下淌」那樣，合乎情理，順乎自然。

古先生創建的古青公司，以出口大宗豬鬃爲主業，但終因資金薄弱，缺乏公平競爭的保障，長期得不到賴以生存發展的出口貿易的一席之地。

「近攻」久久不能得手，又不願仰承鼻息，古先生想到了「遠交」，想在世界豬鬃主要行銷者的美國商人中尋找朋友，結成貿易夥伴。他遠渡重洋考察美國市場，幾經周折之後，終於與號稱美國豬鬃大王的「孔公司」搭上了線，開始了決定古青公司命運的談判。

始。

「豬鬃是中國主要出口產品，美國有多家公司參與其間。」古先生從陳述商情開

「我們公司對此是有所了解的。」孔公司總裁順口應道。

「貴公司是美國經營豬鬃的最大企業，似乎沒有直接參與中國豬鬃的貿易。」古先生向核心問題逼近。

「我們有好幾家代理公司和仲介人從事這項貿易，其中不少還是你們中國人。本公司雖然沒有直接派人經營，但最終獲得了效益。」孔公司總裁解釋道。

「這一點我堅信不疑。但代理公司、仲介人都有各自的利益要考慮。如果他們過分關心自身利益，就不大會選擇最優質的產品、最適宜的價格。因爲低價購進中低檔貨物，再以中高檔價格賣出，將獲利更多。」古先生挑明問題的實質。

「你的意思是本公司最終以較高價買進了品質不是最好的貨物？」孔公司總裁神色嚴肅地問道。

「是這樣的。請看，這是我們公司的樣品，我們公司一直向客商供應這種豬鬃的。

有興趣的話，請貴公司拿去作一下比較。」古先生說罷遞過樣品。

孔公司總裁接過樣品一看，果然整齊、柔韌、有光澤，滿意地問道：「你能保證所提供的貨物都跟樣品一樣？」

「這一點我們完全可以做到。」古先生肯定地說。

協定順利達成，古先生隨後向「孔公司」總裁請求貸款一百萬美元，以公司資產作抵押，並保證用於豬鬃生產，不挪作他用。

古青公司獲得這筆信用貸款之後，立即增添了資金周轉的實力，從此在質優價廉的出口貿易中連連取勝，並在兩年以後躍升爲中國豬鬃的主要出口者，使虎牌豬鬃很快享譽海外。一時間，在國際市場上只要提到中國豬鬃，外國客商首先想到的就是虎牌。

「古青記」與「孔公司」合作一段時間之後，雙方都想過河拆橋、甩開對方，獨攬豬鬃的國際市場。暗中交手幾次，爭鬥便日趨明朗：美國「孔公司」想尋找更好的貨主；中國「古青記」要覓最佳買方；雙方雖然都想暫不分手，但協商談判之時，「孔公司」自恃美國豬鬃大王的強硬身份，必欲以強凌弱；「古青記」則不遷就、不乞求，堅持公平互利。雙方各不相讓，僵局顯然很難打破。

古先生決計先下手爲強，再赴美國與對手打一場近在咫尺的決戰，以求就近取利。憑近年經營豬鬃出口的實力、憑其豬鬃的品質信譽，古先生選擇孔公司的強勁競爭對手「海洋公司」爲談判對象。

「我想爲虎牌豬鬃尋找更好的買主。」古先生開門見山地說。

「如果與我們合作，古先生，你想得到什麼呢？」海洋公司總裁探問道。

「公平，也就是雙方利益與義務的對等。」古先生明確地說。

「怎樣才能實現這種願望呢？」海洋公司總裁又問。

「聯合經營，讓雙方的投入與產出相對應。就是說，多投多收，少投少收。」古先生不卑不亢地說。

「像以往孔公司那樣不是很好嗎？由美國人出錢，中國人送貨，當然抽成的比例可以作些改變，怎樣？」海洋公司總裁貪圖簡便地說。

「以往的做法有個缺陷，雙方都以爲握有控制對方的優勢，都想讓對方少得利益。

我們想與貴公司結成平等貿易關係，就是要改變這種狀況。」古先生坦率地說。

「我看不出改變之後，對雙方有什麼好處。」海洋公司總裁不願鬆口。

「好處是明顯的，你們買到了最好的貨物，我們找到了好的買主，雙方共同分享虎牌鬃經營的壟斷優勢。難道貴公司不想在與孔公司的競爭中取勝嗎？」古先生胸有成竹地說。

「請談談你的方案。」海洋公司總裁有些鬆動地發問。

「雙方各出資一半，成立中美海洋公司，我們一方承擔豬鬃的採購、加工，你們一方負責運輸、銷售，平等分享盈利。」古先生和盤托出自己的設想。

「兩者相比，運輸和銷售的責任要重一些，分享的盈利也應該多一些。」海洋公司總裁討價還價地說道。

「我以爲，對貿易夥伴而言，想從對方那裡多得一點不一定妥當，而且得到的也不可能很多。還有一種比較好的辦法，就是充分利用壟斷虎牌鬃的市場優勢，爭取優異價格，那樣盈利就增加許多，分享的部分也會隨之增大。」古先生據理力爭。

「是這樣的。但雙方的投入不同，產出也應該有所區別，你不是一再強調公平嗎？我們為何不從現在做起呢？」海洋公司總裁堅持自己的看法。

「對貨源與銷售的投入比重，我們之間有不同的估計。但這並不是最重要的，最重要的是友好合作，平等待人。我們相信貴公司有此誠意，為表示我方的誠意，我們可以在分成比例上低一些，就百分之四十八比百分之五十二吧，請不要再討價還價了。」古先生大度地說。

「行！我們就按今天說的擬定合營協議。」海洋公司總裁滿意地笑了。

中美海洋公司很快成立了，古先生為增加資金投入，利用名牌產品在美國金融爭取到幾筆低息信用貸款，讓虎牌鬃數量更充裕地投放國際市場，並通過聯營公司逐年上升售價。

rule 45 善用弱點，一舉攻破

弱點可要抓緊，一鬆手對方可能就全盤都輸。

要制服對手，抓住弱點就是其中一法，平日觀察其短處，有必要時祭出王牌，有助於事情成功。緊緊抓住對方的「弱點」，事情來時，只要輕輕碰觸「弱點」，情況就會對自己有利。

北宋乾興元年，眞宗病逝，仁宗繼位，因年幼，劉太后垂簾聽政。大臣丁謂、馮拯、曹利用在劉太后冊立爲后以及垂簾聽政的前前後後，極盡巴結之能事，所以很得劉太后的歡心，都升官高任了。這三人在太后面前連進讒言，將李迪、寇準等忠臣貶出京城，此時奸佞當道，好人無辜受罪。尤其是丁謂獨攬大權、驕橫無比。老百姓編出了四句俚語：「欲得天下寧，須拔眼中釘（丁謂）。欲使天下好，不如召寇老。」

面對丁謂把持朝政的局面，很多忠直不阿的大臣儘管不願與丁謂同流合污，但也奈何不了丁謂。而大臣王曾對丁謂更是服服貼貼，什麼事都聽從丁謂，從來也沒有頂撞過丁謂。

這時，眞宗的陵寢還沒有建成，劉太后便命丁謂兼山陵使，雷允恭爲都監。雷允恭與判司天監（掌觀天文地理、陰陽五行的官員）邢中和前往預定地點勘察陵址，邢中和對雷允恭說「山陵上百步，即是佳穴，按古法看，選用此地爲穴位，可以繁衍子孫，造福後代，只是恐怕下面有岩石和水。」

雷允恭說道：「先帝子女不多，若今後代子孫多起來，移築陵寢又有何妨？」

邢中和犯難地說：「山陵事關重大，重新勘察，必然要花費很多時間，還有七天就到下葬的期限了，搞不好，就來不及了，這可如何是好？」

雷允恭勸說道：「你不要多慮，只管督工改造，我現在就去請示太后。」

雷允恭當日去稟告劉太后，請求改移陵穴。劉太后說：「陵寢干係甚大，不應無端更改。」

雷允恭勸道：「改移陵穴，使先帝多子多孫，難道不是好事嗎？」

太后遲疑了半晌，回答說：「你去與山陵使商議此事吧，看能否改築？」

這樣，雷允恭就去請示山陵使丁謂，丁謂沒說什麼，雷允恭再去請示太后，太后便答應了。於是監工使夏守思，領著數萬工匠，改移穴道。掘土數尺，即見亂石層疊，大小不一。好不容易除掉亂石，忽然間，湧出一泓清水，片刻就變成了小池，工匠們看到這種情況，都議論紛紛，夏守思也驚懼得很，不敢再令動工，當下振內使毛昌達向太后稟報。

劉太后得報後，就責問雷允恭，並提到丁謂。丁謂對雷允恭百般袒護，並請求另派大臣去察看。王曾毛遂自薦，自願前往。

不到三天，王曾就回到京城，這時已是傍晚了，王曾請求拜見太后，且請求太后令身邊人退下，單獨談話。太后當即把王曾召到宮內。王曾密奏道：「臣奉旨按察陵寢，陵寢萬萬不能改移！丁謂包藏禍心，暗中勾結雷允恭，擅自移改皇陵，將陵穴置於絕地。」

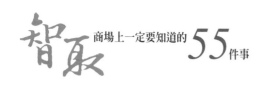

太后聞聽此言，禁不住大怒道：「先帝待丁謂有恩，我待丁謂亦不薄，誰知丁謂卻如此昧良心，以怨報德，」當即呵令左右道：「快傳馮拯進來！」

不一會兒，馮拯就進來了，太后嚴厲地對馮拯說道：「可恨丁謂，負恩構禍，若不將他加刑，是沒有國法了。雷允恭外結大臣，更屬不法，你速發衛士拿下丁、雷，按律治罪！」

馮拯一聽，嚇得目瞪口呆，不能回答。

太后又說道：「你是丁謂同黨嗎？」

馮拯忙免冠叩首道：「臣怎麼敢袒護丁謂呢？只是皇帝初承大統，就下令誅殺大臣，恐使天下臣民驚駭不已。還請太后寬容。」

太后聽後便下令先將雷允恭處死，以後再懲處丁謂。

不久，太后下諭將丁謂降爲太子少保（東宮官名，無實職掌，屬寄祿官。），貶到西京洛陽。

俗話說：「智者千慮，必有一失。」

王曾乘機抓住丁謂的過錯，上奏太后，整倒了驕橫害人的丁謂。

利用這一招，雖屬小人之舉，但是如果利用得當，其結果是顯著的。抓住對方「小辮子」，也未必眞的抓起來，有時，你有意讓他隱藏著會對你更爲有利。下面「全都摘掉帽纓子」便是巧妙運用別人隱私的案例。

楚莊王成爲霸主的原因之一是他懂得收攬人心。這段軼事，發生在莊王日夜作樂的時期。

某夜，莊王宴樂群臣，他一時興起，宣佈說：

「今夜大家可以不拘君臣之禮，任意玩樂。」

於是，君臣不拘上下，毫無拘束的觥籌交錯，非常熱鬧，忽然間燈火突然熄滅，竟有人在黑暗中調戲莊王的愛妾，沒想到她非常的機警，把這人帽上的纓帶扯了一段下來，然後稟告莊王。

她說：「陛下，有人色膽包天，竟敢戲弄臣妾，臣妾趁機扯下了他的纓帶，陛下快命人把燈火點起，立刻就可以查究出來的。」

「不必了，我已經宣佈了不拘君臣之禮，

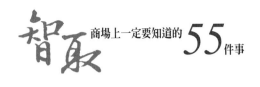

才會有這種事發生，這事因我而起，不能怪罪他人，我不能言而無信，更不能爲你而侮辱我的臣子。」

莊王除了勸阻了愛妾以外，馬上又大聲宣佈道：

「既然今天可不拘君臣之禮，大家何不把纓帶統統摘下來？」大家遵命全把帽纓拔掉後，這才點上燈火，室內一片通明，由於大家的纓帶都已經全部拔掉，當然認不出誰是調戲莊王愛妾的人。

幾年以後，有一次楚晉交戰，楚軍營裡有一個人特別驍勇，多番奮不顧身衝鋒陷陣，爲楚軍屢建奇功，終將晉軍擊敗，使楚莊王因此又向霸主寶座往前邁進一大步。

事後，莊王召見此人說：

「寡人無德，國內有這等驍勇之士，卻一直未予重用，而你不以爲恨，仍奮勇作戰，將生死置於度外，實在可敬可佩。」

那人跪伏地下，回答說：「臣早就該死，因陛下厚恩，才能苟活至今，臣早已立誓，願以此身爲君效命以報大德，臣就是那夜酒後調戲王妃的狂徒，今日才得有謝罪的機會，請陛下不必介意。」

有時候無意間抓到人家把柄，不妨像楚莊王一樣，替他隱瞞過去，明知對方有「惡」而故意隱去，實際上也是利用弱點的一種。這時，他會感到欠你一份大人情，因為有短在你手中，倘若有一天，你有事有求於他時，他不鼎力相助才怪。

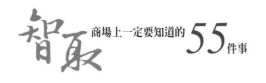

第五篇

商場上一定要知道的設防術

表面上笑臉相迎，卻背地裡藏著一把刀，
等你跳進無法預料的陷阱。

rule 46 防人之心不可無

「心急吃不了熱豆腐」，心一急，防範之心漸退，於是讓有備而來的對手乘虛直入。生意場上一定要三思而後行。

中華民族的國寶景泰藍，是華夏千餘年來工藝美術的智慧結晶，其製作之精湛，堪稱世界藝術的奇葩，向爲舉世矚目。

一天，一個自稱身居東瀛的華僑跑到了北京，對工藝品出口部門信誓旦旦地聲稱：雖爲日本的工藝品代理商，卻是「身在曹營心在漢」，必欲弘揚中華民族的傳統文化，爲大陸的出口創匯一盡綿薄之力

中國接待人員不由喜出望外，頓生相見恨晚之憾，連忙滿臉堆笑地說：「歡迎！歡迎！」

「我雖然從事工藝品的進出口代理，但一向注重中國景泰藍的經營。我在香港、臺灣、東南亞有大宗客戶，與歐美客商也有廣泛聯繫。」代理商攪動如簧之舌在自我介紹，其實是牛皮撿大的吹。

不知就理的接待人員趕忙說：「希望合作，希望合作。」

「景泰藍是我們祖先留下的非凡之作，炎黃子孫都有責任把它的美妙介紹給全世界。我如果不再做轉口貿易，而是直接獲得經營的榮幸，將是一生中最大快事，也不枉經商一世！」代理商說明來意。

「對所有惠顧的客商，我們一概提供方便、盡心服務。」接待人員殷切地答道。

「我們是不是先談談合作意向？比如我要是訂購三千萬人民幣的景泰藍，貴方能否在單價上給予優惠？」代理商故意用大宗交易引誘對手上鉤。

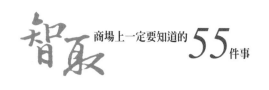

「三千萬元？」接待人員從未遇上這樣大的買賣，極想把它做成，於是建議說：「我可以跟廠方聯繫一下，爭取以批發價出售，這樣在單價方面就會有些優惠了。」

「很好！明天請廠方也來，還請貴方準備一份批發價目細表，我希望儘早達成合作意向。」代理商爽快地說罷朗聲大笑。中國接待人員在對方的好話中、笑臉裡沒有看出一絲一毫的歹意，全無防範的心思。

第二天下午，談判既簡短又出乎尋常的順利，代理商看著批發價目表，挑出熱門品種稍作還價便逐項通過，雙方很快達成三千萬元的訂購意向書。接待人員欣喜至極，廠方代表如遇財神，無不企盼訂購意向變爲實質性的購銷合約。代理商卻說意向與合約只是一步之遙，該爲意向的達成而舉杯慶賀。

當晚，喜慶宴席在豪華賓館中排開。接待人員爲初步成交而乾杯，廠方爲財大氣粗的買主而祝賀。賓主正當酒酣耳熱之際，代理商起身舉杯：「我代理過黑非洲的木雕、愛斯基摩的海象牙雕，此番有幸經營故國的景泰藍，榮耀可謂無以復加！敝人根據以往的經驗，要把這椿買賣做好，必得在廣告、宣傳中細下功夫。我以爲，對景泰藍的民族特色，應作一番工藝背景的介紹和製作艱難的說明，使洋人切實感到妙不可言，高不可攀！爲此，我有一個小小的請求，不知當不當說。」

「有話請講，只要能辦到的，我們決不會拒絕的。」接待人員回復道。

「先生儘管說出來，我們廠將盡力配合。」廠方代表滿口答應。

「我想參觀一下景泰藍的製作過程，將以親眼目睹的生動事例向客戶介紹中國工藝品的妙手獨湛、巧奪天工！做生意嘛，總得設法讓買主驚奇萬狀，並對他們的購買欲望加點強烈的刺激。不知道我的想法能否行得通。」

「符合情理，我方將給予滿足。」接待人員自醉不醒地應允道。

「行，我們會作出妥善安排。」廠方代表惟恐失去順水人情。

觀察工藝製作的時間用了整整的一天。

中方人員對參觀時間之長，沒有一個人感到懷疑。對代理商仔細認眞的態度，沒有任何人覺得詫異，只是一門心思地想著接待要熱情周到，陪同要殷勤、坦誠，一盡地主之誼。代理商一處不漏地細細察看景泰藍製作的全部過程，一字不放地傾聽廠方代表的詳盡解釋，他頻頻發出讚歎，連連舉起照相機。他詢問熟練的操作工人，凡有不清楚的地方還不厭其煩地向技術人員討教，被諮詢者卻毫無防範地作著不厭其煩的解答。

代理商滿載而歸，從此黃鶴一去不復返，留下的那份三千萬元的「購貨意向書」

自然成了無以兌現的一紙空文。然而不久，標有英文字樣「日本製造」的景泰藍，在香港、臺灣、韓國、東南亞的市場上相繼湧現，其工藝製作不亞於中國貨，但價格略低，成了強勁的競爭對手。中國接待人員、廠方代表此時才恍然大悟，憤然痛斥「漢奸」、「賣國賊」！

rule 47 要當眾擁抱敵人

這是一種主動的動作，可迷惑對方，也可迷惑第三者。當然，在擁抱的時候還可以來一些第三者看不出來的小動作，讓你的敵人受了罪還下不了臺。這才叫高明。

人和動物有些方面是不同的，動物的所有行爲都依其本性而發，屬於自然的反應；但人不同，經過思考，人可以依當時需要，做出各種不同的行爲選擇，例如當眾擁抱你的敵人。

「當眾擁抱你的敵人」，這是件很難做到的事，因爲絕大部份人看到「敵人」都會有滅之而後快的衝動，若環境不允許或沒有能力消滅對方，至少也會保持一種冷淡的態度，或說說讓對方不舒服的嘲諷話，可見要擁抱敵人是多麼難。

就因為難，所以人的成就才有高下大小，也就是說，能當眾擁抱敵人的人，他的成就往往比不能擁抱敵人的人高大。

能當眾擁抱敵人的人，是站在主動的地位，採取主動的人是「制人而不受制於人」，你採取主動，不只迷惑了對方，使對方搞不清你對他的態度，也迷惑第三者，搞不清楚你和對方到底是敵是友，甚至都有誤認你們已「化敵為友」的可能；可是，是敵是友，只有你心裡才明白。你的主動，使對方處於「接招」、「應戰」的被動態勢，如果對方不能也「擁抱」你，那麼他將得到一個「格局太小」之類的評語，一經比較，兩人的份量輕重立判，所以當眾擁抱你的敵人，除了可在某種程度之內降低對方對你的敵意之外，也可避免惡化你對對方的敵意。換句話說，為敵為友之間，留下了條灰色地帶，免得敵意鮮明，反而阻擋了自己的去路與退路；地球是圓的，天涯無處不相逢。

此外，你的擁抱動作，也將使對方失去再對你攻擊的立場，若他不理你的擁抱而依舊攻擊你，那麼他必招致他人的譴責。

而最重要的是，當眾擁抱敵人這個動作一旦做了出來，久了會成為習慣，讓你和人相處時，能容天下人、天下物，出入無礙，進退自如，這正是成就大事業的本錢。

所以，競技場上比賽開始前，兩人都要握手敬禮或擁抱，比賽後再來一次，這是最常見的當眾擁抱你的敵人。另外，政治人物也慣常這麼做，明明是恨死了的政敵，見了面仍然要握手寒喧。

事實上，要當眾擁抱你的敵人並不如想像中之難，只要你能克服心理障礙，你可以這麼做：

在肢體上擁抱你的敵人，例如擁抱、握手。尤其是握手，這是較普遍的社交動作，你伸出手來，對方好意思縮手嗎？

在言語上擁抱你的敵人，例如公開稱讚對方、關心對方，表示你的「誠懇」，但切忌過火，否則會造成反效果。

爲什麼強調「當眾」呢？做給別人看嘛，如果私下「擁抱」，那不是雙方言歸於好，就是你向對方投降。「當眾」擁抱，表面上不把對方當「敵人」，但心底怎麼想，誰管得著呢？

rule 48

絕對不跟熟人做生意

生意場上無父子，何況熟人。如果不想得爛賬，就慎重考慮熟人熟到何種程度。

跟熟人絕對不做生意，可能有人會納悶：都說「熟人多了好辦事」，你怎麼會害怕熟人呢？

俗話說，生意場上無父子。之所以這句話流傳多年，時至今日仍在教誨我輩，就因爲人們很難做到這點。畢竟，中國人的血管裡流淌著東方人的親情之血，在「義」與「利」的衝突中，往往是理智的「利」讓位給感情的「義」。但在實際的商戰中，以「義」代「利」不僅違背追求最大利潤這一商界最高原則，也常常帶來事與願違的隱患。

一天，老曹的一個朋友小吳來訪，訂一批辦公用品。聲言他的公司剛成立，貸款沒下來，但新開張時費用超支，言明先把貨取走，等開張後立即把貨款送來。完了，小吳還補上一句：「信不信得過這我朋友？」話到這份上，老張不答應顯然不合適了。但還是讓他打了欠條，寫明還款日期。

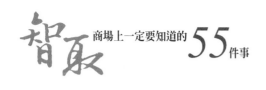

一年之後，小吳的公司早開幕了，代步的自行車變成了機車又變成了房車。他不再登門，更別說還款之事了。其間老曹打電話也直接上門找過小吳，一提欠款，小吳不是推說貸款沒下來，就是大訴苦經，煞有介事的悲痛狀，仿佛他剛從人間煉獄爬出來，你不拍屁股走人，再說下去，他就難免追到你家討口飯吃似的。盡有充分的理由，老曹還不想設想拉他去對薄公堂。因爲是「朋友」，不管在法律上是否取勝，在輿論上恐怕已經出「出師未捷身先死」了。

再說一件可笑又可氣的事。老曹的老朋友老張帶了他的朋友小王來買一台保險櫃，因爲同介紹人關係挺好，老曹親自選了一台並讓出納按批發價給開了發票。那「二手熟人」當時也沒說什麼，只說第二天把支票送來。當時天近黃昏，老曹便邀請兩位到附近的飯店吃了晚飯。其實那頓飯已經超出賣櫃子的利潤。事過一星期，對方沒把支票交來。出納員便按名片地址找去。結果回來攤著雙手說，見到了那位保安器材部的老闆，他倒沒說什麼，只是他手底下的夥計抱怨買貴了。老曹擔心引起誤會，當即趕了去，對那位仁兄坦誠相告：「我不可能靠這筆業務賺你的錢，也就沒有必要把給你的價高出別的顧客，從而使自己堵上兩扇門（還有一位介紹人）」。對方笑笑，竟提出一個大出意料的建議：「你乾脆在我這裡也買點東西吧！」順著他的視線，老曹看見他店裡儘是警棍、手銬、警服、警帽，便遺憾地的拒絕了。小王有些失望，隨即說：「這樣吧，等兩天手頭鬆點就給你送去，就兩天，行不行？」「就兩天」，便又成了一筆「爛帳」。

當然，不要同熟人做生意，並非一成不變。最根本的是，既然置身商界，就應該嚴格遵循爲商的原則進行「遊戲」。不然我們的商旅生涯就像那首兒歌一樣「迷途的羔羊，尋找老狼的指引。」

rule 49

寧可送錢不借錢

給朋友錢，錢收得回來，借朋友錢，錢收不回來！在給與借的衡量中，最好的方法莫過於拒絕，也許一狠心，你就可以保住你的錢。

如果有個朋友向你開口借錢，你借或不借？

很多人碰到這個問題都很困擾，因爲借他錢，有可能這一筆錢就要不回來了，或是一再「展延」，到了最後才拿回一小部分。朋友有需要才會來借錢，如果時間一到便去催債，好像自己太沒人情味，何況也沒勇氣開口，更怕一開口，就傷了彼此的感情。不借嘛，自己的錢固然是「保住」了，但朋友有難，不出手幫忙，道義上似乎也說不過去，也擔心兩人的感情恐怕從此要變質了

借不借人錢，就是這麼讓人傷腦筋！

當然，也有「有借有還」，甚至還本金也還利息的朋友。不過說老實話，這種借款行爲還是潛藏著危機，如果他一而再再而三地向你調借，表示他的財務有問題，終有一天會連本金也還不出來！

可是，橫在面前的人情、感情與道義，怎麼辦呢？精明人的建議是：給他錢，而不借他錢！

所謂「給他錢」有兩個層面的意義：

在心理層面上的意義是：表面上是「借他」，也言明歸還期限和利息多少，但在心理上卻抱著這筆錢是「一去不回頭」的想法，他能還就還，不能還就當做是「給」他的！這種態度很阿Q，但卻有很多好處，第一個好處是不會影響兩人的感情，你也不會因爲對方還不起錢或不還錢而難過；第二個好處是顧到了朋友間有難相助的「道義」；第三個好處是在對方心中播下一粒「恩與義」的種子，這粒種子或許會發芽、茁壯，在他日以「果實」對你做最眞誠的回報。

第二個層面的意義是眞的「給」他錢，也就是說，他雖然是向你用借的，但你卻表明是給他的，是要幫他解決困難的，並不希望他還錢。這樣子做也有很多好處，第一個好處是他不太可能再來向你「借錢」，不好意思了嘛！而你也可表示「我已竭盡所能」，將對方開口的數目打折給他，萬一對方眞的「還」不起錢，或根本不還錢，你可能降低「損失」；第二、三個好處和前面一段說的一樣，兼顧了「情與義」，同時也在對方心中種了一粒「恩與義」的種子，而這「人情」，他總是要擔的。

事實上，不管是「借」還是「給」，錢能不能收回來都是個未知數，老狐狸之所以說「給朋友錢，錢收得回來；借朋友錢，錢收不回來」，是基於：錢只要離開你的口袋，就有回不來的可能，因爲對方是沒有錢才向你開口，所以明知有可能回不來，乾脆就不抱希望，免得去催債，雙方有可能造成不愉快，自己也難過。

如果「借」或「給」都覺得很難，那麼就狠心拒絕了吧！

rule 50

別勉強答應，要果斷拒絕

不必要的應酬會帶給我們很多危害，知道自己在什麼情況下該拒絕別人，並且在拒絕的時候採取正確的方法，我們就能因此而節省大量的時間。

英國作家毛姆在小說《嗬笑皆非》中講過這麼一段耐人尋味的故事，一位小人物一舉成爲名作家了，新朋老友紛紛向他道賀，成名前的門可羅雀同成名後的門庭若市形成了鮮明的對比。毛姆爲我們描寫了這樣一個場面：一位早已疏遠的老朋友找上門來，向他道賀，怎麼辦呢？是接待他還是不接待他？按照本意，自己實在無心見他，因爲一無共同語言，二來浪費時間；可是人家好心好意來看你，閉門不見似乎說不過去。於是只好見他了。見面後，對方又非得邀請他改日到他家去吃飯。儘管他內心一百個不樂意，但盛情難卻，他不得不佯裝愉悅地應允了。在飯桌上，儘管他沒有敘舊之情，可是又怕冷場，於是又得強迫自己無話找話。這種窘迫相可想而知　來而不往非禮也，雖然他不再願意同這位朋友打交道，但他還是不得不提出要回請朋友一頓。他還得苦心盤算：究竟請這位朋友到哪家飯店合適呢？去第一流的大酒店吧，他擔心他的朋友會疑心自己是要在他面前擺闊；找個二流的吧，他又擔心朋友會覺得他過於吝嗇

在很多時候，想拒絕別人的時候，你只要簡單地說一句：「我實在有更要緊的事要做。」就可得到絕大多數人的諒解。否則，硬著頭皮的承諾，很容易就發生狀況失信於人，說到卻無法做到，成了以下三種情況，得不償失。

（一）心腸太軟，不懂得拒絕。

前些年中國有本很暢銷的書叫《中國可以說不》，它的出現不僅僅針對於冷戰後不尋求對抗，只尋求更平等的氛圍下對話的情結，更重要的是它代表了廣泛堅實的民意。那時有《日本能夠說不》，有《可以說不的亞洲》，亞洲人民似乎在一夜之間發現了國家間能夠說「不」是一件多麼令人興奮而自足的幸事。然而可惜的是人們並不善於把大

事化小，不太會把說「不」的權利緊緊握在自己手中。往往有人「善於」答應別人的請求，總覺得別人求到自己了是對自己的信任，不好意思拒絕就大事小事全都攬在一起，結果事情辦起來叫苦不迭，後果自可想像。因此，無論你有多善良，心腸有多軟，請你在面對他人的苛求時堅定的說一聲「不」。也許別人的請求並不是無理的，他不是讓你腐敗也不是讓你難堪，但你的內心就是有些微的不爽。棘手、爲難、後悔，當這些詞語隱隱的出現在頭腦中時，不要猶豫了，這事你做不好，就不如委婉的拒絕，否則事倍功半，你的善良換來的只能是懷疑、失望與不信任。

(二) 心不情願，費力不討好。

答應別人的請求是容易的，如果有能力信守承諾那麼說到做到也不是難事，關鍵是是否能眞的把別人的事當成自己的事情辦，能不能眞誠的奉獻，把能力發揮得淋漓盡致。「舍己毋處疑，施人毋責報」說的就是放棄自己的利益去幫助別人，不應該產生疑慮，如果產生了疑慮，也就有愧於自己本來捨己爲人的志向了；施捨恩惠給別人，不應該指望別人報答，如果指望得到別人的回報，那麼自己最初施恩給人的動機也就不眞誠了。既然做下了承諾就要毫無保留、盡力的去做，一旦居心叵測，即使是承諾實現，別人也不見得會領情，以後也不會再主動找你幫忙、相信你的承諾。這就叫費力不討好。

(三) 情況有變，及早告之。

此種情況出現實屬無奈，一旦事情發生變化而造成守信的障礙，就該及早地通知他人說情況有變我做不到了，這樣既幫你解脫了煩惱的糾纏，又使你不會失信於人，反而增加了別人對你的信賴。

以上種種只有第三種可以原諒，其餘兩種應該極力避免出現。否則不僅會招來他人的不屑，更會讓自己鄙視自己。

rule 51 該翻臉時就翻臉

對不知感恩的人，唯一的辦法就是停止給他好處，否則他將成為你的負擔。

梁先生在一間出版社工作，朋友介紹一家印刷廠給他，梁君因爲初入此行，印刷廠都不熟，因此就和那位姓陳的印刷廠的老闆合作。

爲了減少聯繫上的麻煩，梁先生把印刷、訂紙、分色、製版、裝釘所有工作都交給陳先生包辦。

事實上，陳先生的印刷廠只有印刷一項業務，其餘部分都要轉包出去。當然，陳先生也不會做白工，轉手之間，他還是賺了兩成左右的差價。

幾年過後，梁先生才發現他因爲怕麻煩而多花了很多錢，同時也因爲出版社的經營已上軌道，人員也增加了，於是把給陳老闆的業務，除了印刷之外，全部收回自行發落。

誰知陳老闆勃然大怒，說梁先生沒有「道義」，梁先生向朋友抱怨：「要給誰做是我的權利，難道我這樣子做錯了嗎？」後來他就不再和陳老闆合作了。

梁先生當然沒有錯，不過如果他對人性有進一步的了解，就不會向朋友抱怨了。類似的故事並不罕見，只是「劇情」稍有不同而已。碰到這樣的事雖然很無可奈何，但從人性的角度來看，仍有值得討論之處。

一、陳老闆賺取轉手的差價雖然合情合理，但梁先生停止和他某部分的合作卻與「道義」無涉，買賣本來就是「合則來，不合則去」。問題是，陳老闆把轉手的差價當成「理所當然」的利益，梁先生不再和他合作，他因此而產生利益被剝奪感，本來可賺一萬現在只剩下五千，心裡無法適應這種失落，於是便起反感了。不過人總是這樣，你給他好處，久了他便認爲你給他好處是應該的，一旦不再給，便認爲你失去「誠信」，沒有「道義」了。曾有一行政機關首長發現這樣的事：前任首長違反規定，挪用一筆鉅款做爲手下的變相「津貼」，新首長上任後，發現此事不妥，便予以停發，不想手下反應激烈，不動心的很少，「得而復失」又不動氣的更少，這也就是商界「停止合作」也跟著「停止友情」的原因。面對這樣的人性反應，若事先有所了解，就不會慨歎人心不古了。

二、梁先生終止和陳先生的合作基本上是正確的決定，因爲兩人有了不愉快，站在梁先生的立場，大可不必太勉強自己。倒是陳老闆應自我反省賺取外包部分的差價是「多出來」的，印刷方面的利潤才是他「理所應得」，面對梁先生的新決定，他應感謝梁先生，並表示願意繼續提供更好的服務才是，結果他不做此想，反而以詆毀來回應梁先生的動作，導致連印刷的生意也飛了。因此我們可以了解一件事，面對握有權力的一方時，「理未應得」的利益是不宜以激烈手段爭取的，因爲師出無名，理不直氣不壯，也得不到其他人的支持，若堅持激烈手段，必敗無疑；而且不但爭不回多出來的好處，連原有的好處也會失去，因爲對方有權力。事實上，陳老闆要保住印刷部分的生意也是很難的，因爲他的「轉手利潤」讓梁先生有「受騙感」，唯有停止一切合作才能彌補他自尊受到的挫傷；對陳老闆來說，也只能儘量以低姿態來「撫慰」梁先生的自尊，或許這樣還有一點效用。

梁先生和陳老闆兩人「翻臉」是一種遺憾，但做生意事關企業生命，該「翻臉」還是要「翻臉」，你不「翻臉」，別人還笑你傻瓜。倒是平常與人相處，對於「好處」的給予要多所講究，否則反而會對人際關係造成傷害，這一點和做生意「翻臉」的「利害」是不大相同的。

也許人都怕跟朋友翻臉，但在翻臉前不訪想一想，朋友對你是否是眞心，若不是，那他都不怕背臉做人，你又何必怕翻臉。

rule 52

感情需要代價

世界上沒有無緣無故的愛，也沒有無緣無故的利。在獲取意外之愛時要想，在獲取意外之利是要慎重。

講究情義是人性的一大弱點，中國人尤其如此。「生當隕首，死當結草」、「女爲悅己者容，士爲知己者死」，無一不是「感情效應」的結果。爲官者大都深知其中的奧妙，不失時機地付出廉價的感情投資，對於拉攏和控制部下往往能收到異乎尋常的效果。

韓非子在講到馭臣之術時，只說到賞罰兩個方面，這自然是最主要的手段，但卻很不夠，有時兩句動情的話語，幾滴傷心的眼淚往往比高官厚祿更能打動人。因此，感情投資，可謂一本萬利，是一種最爲高明的統治術。

有許多身居高位的大人物，會記得只見過一兩次面的下屬的名字，在電梯上或門口遇見時，點頭微笑之餘，叫出下屬的名字，會令下屬受寵若驚。

富有人情味的上司必能獲得下屬的衷心擁戴。

有人說：「世界上沒有無緣無故的愛」，掌權者對部下的一切感情投資，都應作如是觀。

吳起是戰國時期著名的軍事家，他在擔任魏軍統帥時，與士卒同甘共苦，深受下層士兵的擁戴。當然，吳起這樣做的目的是要讓士兵在戰場上爲他賣命，多打勝仗。他的戰功大了，爵祿自然也就高了。「一將成名萬骨枯」嘛！

有一次，一個士兵身上長了個膿瘡，作爲一軍統帥的吳起，竟然親自用嘴爲士兵吸吮膿血，全軍上下無不感動，而這個士兵的母親得知這個消息時卻哭了。有人奇怪地問道：「你的兒子不過是小小的兵卒，將軍親自爲他吸膿瘡，你爲什麼倒哭呢？你兒子能得到將軍的厚愛，這是你家的福分哪！」這位母親哭訴道：「這哪裡是愛我的兒子呀，分明是讓我兒子爲他賣命。想當初吳將軍也曾爲孩子的父親吸膿血，結果打仗時，他父親格外賣力，衝鋒在前，終於戰死沙場；現在他又這樣對待我的兒子，看來這孩子也活不長了！」

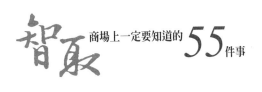

人非草木，孰能無情，有了這樣「愛兵如子」的統帥，部下能不盡心竭力，效命疆場嗎？

吳起決不是一個通人情、重感情的人，他為了謀取功名，背井離鄉，母親死了，他也不還鄉安葬；他本來娶了齊國的女子為妻，為了能當上魯國統帥，竟殺死了自己的妻子，以消除魯國國君的懷疑。所以史書說他是個殘忍之人。可就是這麼一個人，對士兵卻關懷備至，像吸膿吮血的事，父子之間都很難做到，他卻一而再，再而三地去幹，難道他真的是獨獨鍾情於士兵，視兵如子嗎？自然不是，他這麼做的唯一目的是要讓士兵在戰場上為他賣命。這倒真應了那一句名言：「世界上沒有無緣無故的愛。」

作為上司，只有和下屬建立好關係，贏得下屬的擁戴，才能激勵起下屬的積極性，從而促使他們盡心盡力地工作。俗話說：「將心比心」，你想要別人怎樣對待自己，那麼自己就要先那樣對待別人，只有先付出愛和真情，才能收到一呼百應的效果。

日本著名的企業家松下幸之助就是一個注重感情投資的人，他曾說過：「最失敗的主管，就是那種員工一看見你，就像魚一樣沒命地逃開的主管。」他每次看見辛勤工作的員工，都要親自上前為其沏上一杯茶，並充滿感激地說：「太感謝了，你辛苦了，請喝杯茶吧！」正因爲在這些小事上，松下幸之助都不忘記表達出對下屬的愛和關懷，所以他獲得了員工們一致的擁戴，他們都心甘情願地爲他效力。

西元七四二年，唐玄宗連下三道詔書，徵召大名鼎鼎的詩人李白入京。李白這一年四十三歲，他畢生都嚮往著建功立業，以爲這一回總可以大展鴻圖了，於是，意氣風發地來到了長安。唐玄宗在大明宮召見了他。

封建時代，皇帝召見大臣，氣派是十分尊嚴的，他端坐御座之上，居高臨下，而臣下則要一路小跑至他的膝下，行三跪九叩大禮，俯首稱臣。而唐玄宗這一次召見李白，這一切森嚴的禮儀全都免除，他親自坐著步輦（一種由人抬的代步工具）前來迎接。當李白到來時，他從步輦上下來，大步迎了上去；迎入大殿之後，又以鑲嵌著各種名貴寶石的食案盛了各種珍饈佳餚來招待李白，大約是怕所上的一道湯太熱，會燙著李白，唐玄宗竟然御手親自以湯匙調羹，賜給李白，並對他說：「卿是一個普通讀書人，可你的大名居然傳到我的耳中，若不是你有著超凡的詩才，怎麼能做到這一點？」

接著又賜他一匹天馬駒，宮中的宴會，鑾駕的巡遊，都讓李白陪侍左右。

一個普通的詩人，無官無職，能夠得到皇帝的召見，賜宴，已是非常的禮遇了，而降輦步迎，御手調羹，更是曠古的隆恩。雖然李白這一次來長安，在仕途上並沒有多大發展，最後還被客客氣氣地趕出了長安，但唐玄宗的這一次接見，卻在李白心中留下了永不磨滅的印象，使他終身引以自豪，至死都念念不忘。

民國年間，身爲一世梟雄的「北洋之父」袁世凱在統御部下方面也很注重感情投資。

早在小站練兵時期，他就從天津武備學堂物色了一批軍事人才。其中最著名的有三個人：段祺瑞、馮國璋、王士珍。後來都成了北洋系統中叱吒風雲的人物。袁世凱爲了讓他們對自己感恩戴德，供其利用可謂煞費苦心。

袁世凱在創辦新軍時，相繼成立了三個協（旅），在選任協統時，他宣佈採用考試的辦法，每次只取一人。

第一次，王士珍考取。

第二次，馮國璋考取。

從柏林深造回國的段祺瑞，自認爲學問不凡，卻連續兩次沒有考取，對段來說，只有最後一次機會了。第三次考試前，他十分緊張，擔心再考不上，就要屈居人下，心中十分不快。

第三次考試前一天的晚上，正當段祺瑞悶悶不樂地坐著發呆時，忽然傳令官來找他說是袁大人叫他去。段祺瑞不敢怠慢，立即前往帥府，晉見袁世凱。袁世凱令他坐下，東拉西扯，說了些不著邊際的話。臨走，袁世凱塞給段祺瑞一張紙條，段祺瑞心中的納悶，這紙條是什麼呢？又不敢當面拆開看。急忙回到家中，打開一看，不覺大喜，原來是這次考試的試題。

段祺瑞連夜準備，第二天考試時，胸有成竹，考試結果一出來，果然高中第一名，當了第三協的協統。

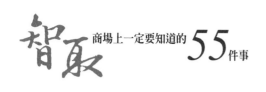

段祺瑞深感袁世凱是個伯樂，對於自己有知遇之恩，決心終身相報。

後來，段祺瑞、馮國璋、王士珍都成了北洋軍閥政府的要人。段祺瑞談起當年袁世凱幫他渡過難關的事，仍感恩不盡，誰知馮國璋、王士珍聽了，不覺大笑，原來王、馮二人考試時也得到過袁世凱給的這樣的紙條。

袁世凱這種辦法，可謂妙不可言，既可以使提拔的將士報恩，又能使沒升官的將士心服口服，便於統率，還給被提拔者創造了很高的聲譽。由此可見，袁世凱在耍弄權術上是個高手。

與袁世凱一樣，蔣介石在用人統御方面也很有政治家的手腕，恩威並濟，收買人心。

蔣介石有一個小本子，裡面記載著國民黨師以上官長的字號、籍貫、親緣及一般人不大注意的細節。凡是少將以上的官長，他都要請到家裡吃飯，每次都是四菜一湯，簡樸之極，作陪的往往只有蔣經國。採用這種不請別人陪客的家宴方式顯得更加親熱。同時，簡單的飯菜給他的部下留下清廉的印象。

蔣介石請部屬吃飯後，總要合一張影。他與孫中山有一張合影像片，孫中山先生坐著，他站在孫先生背後，他與部屬合影也擺這個模式，其中的用意不講自明。他常對部屬說：

「叫我校長吧！你們都是我的學生。」

如果不是黃埔生，他也很慷慨：「哦，予以下期登記吧！」這樣就提高了部屬的身價，起到了收買拉攏的作用。

蔣介石給部屬寫信，除了一律稱兄道弟外，還用字號，以示親上加親，可以說他很懂人情世故。

蔣介石不僅熟記部屬的名號、生辰、籍貫，而且對其父母的生日也用心記得很準。有時，他與某將領談話時，往往是在他提起某將領父母的生日時，使該將領受寵若驚，十分激動，深為委員長的關切所震撼。

第十二兵團司令官雷萬霆調任他職時，蔣介石召見了他，蔣介石說：「令堂大人比我小兩歲，快過甲子華誕了吧！」

雷萬霆一聽，眼淚都快出來了，激動得聲調顫抖著說：「總統日理萬機，還記著家母生日！」

蔣介石說：「你放心去吧！到時我會去看望她老人家，為她老人家添福增壽。」

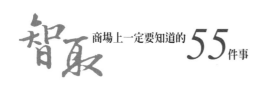

雷萬霆自然死心塌地成了蔣的心腹。

當杜聿銘在徐州爲蔣介石打仗賣命時，蔣介石從小本子上查到杜母的生日，他立即命令劉峙在徐州舉行爲杜母祝壽的儀式，同時又令蔣經國親赴上海，爲杜母送去十萬元金圓的壽禮，並且在上海舉行隆重的祝壽儀式。這個消息傳到徐州，杜聿銘十分吃驚，這不僅是因爲蔣總統記得其母的生日並親自派人祝壽，而且因爲陳誠到臺灣療養，蔣介石才批五萬元。

蔣介石如此厚待杜聿銘無非是讓杜爲他拚命死戰。

蔣介石對部屬很能具體對待，愛官的給官，愛錢的給錢，愛地盤的給地盤。像陳佈雷這不愛官，不愛錢的舊知識份子，他又區別對待，在陳佈雷五十歲生日時，爲陳親手書寫一條幅，上寫：「寧靜致遠，淡泊明志」八個字。蔣介石這一招正投陳佈雷所好，收到很好的效果。平平淡淡八個字，使陳佈雷認爲蔣介石對他「知其最深。」

士爲知己者死，這是古代知識份子的人生追求。陳佈雷奉行這一信條，兢兢業業爲蔣效力，在蔣家王朝日落西山時，陳佈雷以自殺表示了他對蔣的忠誠。

rule 53

居安能思危，樂不會忘憂

中國人的憂患意識就像西方的悲劇色彩一樣，經歷了很長一段時期的發展。憂患意識它不僅需要在閒情逸致中尋找平和安定，而且在現實的苦難和邪惡面前，也要勇敢的接受並超越。

居安思危是一種預測力，它是指人們對人對事存在合理的質疑，時時考慮到危機存在的可能。居安思危可以有效的規避風險，並可以將風險帶來的壓力在事前就予以解決。居安思危靠的是一種邏輯推理的分析習慣。對凡事抱有警覺的態度，事先預測到風險存在於哪些地方，並想好對策。這樣無論遇到什麼風險，都有可攻可守可進可退的兩全之計。要養成居安思危的能力，就要試著從事情的正反兩方面考慮問題，並儘量的考慮全面。透過優厚的條件要看到事情潛藏的危機和問題，對事情要有敏銳的反應能力，並能對任何一種突發狀況都保持泰然自若的心態。

居安思危在生意場上的運用十分重要。曾經聽過這樣一個故事：曾任美國通用公司總經理的查理·威爾遜，以考慮事情全面而周到著名。有一次，當他的兒子決定對一家公司進行投資時，他提出了不同的意見。他的兒子認爲，對方開出了極好的條件，對於投資方來說，絕對是穩賺不賠的。無論從公司的營業、運轉、資金，各方面都看不出有什麼問題，簡直就是一個投資的絕好機會。威爾遜於是說：「問題就是出在他們給的條件太好了！你想想看，在對方如此優厚的條件之下，這家公司必須非常努力才能達到收支平衡，所以失敗的幾率很大。即使他們眞的成功了，也會爲了達到收支的平衡甚至賺錢，而承擔過大的壓力。這樣一來他們就會怪你逼他們逼得太緊，雙方良好的合作關係就要被破壞，如果你認爲他們是值得長期合作的好夥伴，那麼就應該讓他們的努力所得要大過於你，雙方將來才不容易有危機出現。」

中國人早就意識到，處在安全的環境裡，危險和困難隨時都會出現。《周易·系辭下》裡就說過：「是故安而不忘危，存而不忘亡，治而不忘亂，是以身安而國家可保也」。在《左傳・襄公十一年》裡，也有一段話：「《書》曰：『居安思危，思則有備，有備無患。』」在太平或平安的時候，不要忘記災難和危險有到來的可能性。總想著有危險，才會有準備；事先有準備，就可以避免禍患。

居安思危，意味著衰敗的過程或許在興盛和圓滿的時候就開始了。唐玄宗雖然不是亡國之君，但他統治時期發生的安史之亂，給當時的社會和人民帶來了深重的災難。唐玄宗通過宮廷政變奪得皇位後，開始還是有一番作爲的。他統治的前期，政治安定，生產發展，國勢昌盛，對外經濟文化交流也很活躍。唐帝國是當時世界上最強大的先進的文明國家，中國封建社會呈現出前所未有的盛世景象。唐玄宗的年號叫「開元」，歷史上稱之爲「開元盛世」。杜甫回憶那時的繁榮景象，在詩歌《憶昔》中說：「憶昔開元全盛日，小邑猶藏萬家室。稻米流脂粟米白，公私倉廩俱豐實。」

但是，唐玄宗晚年荒於聲色，寵愛楊貴妃，整日在宮中飲酒作樂，不理政事。白居易後來在《長恨歌》裡寫道：「天生麗質難自棄，一朝選在君王側。回眸一笑百媚生，六宮粉黛無顏色。春寒賜浴華清池，溫泉水滑洗凝脂。侍兒扶起嬌無力，始是新承恩澤

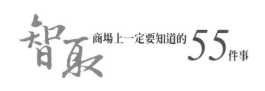

時，雲鬢花顏金步搖，芙蓉帳裡度春宵。春宵苦短日高起，從此君王不早朝。」唐玄宗重用奸詐的李林甫、楊國忠，政治黑暗腐敗，人民的不滿情緒滋長，給有野心的軍閥以可乘之機，終於在天寶末年爆發了守握重兵的邊將安祿山、史思明的大叛亂。「漁陽鼙鼓動地來，驚破《霓裳羽衣曲》。」這正是唐玄宗貪圖安逸沒有危機感所造成的惡果。他寵愛的楊貴妃落得了「婉轉峨嵋馬前死」的下場。而他也落得「昏君」的千古罪名。「安史之亂」歷時八年，使黃河流域的繁榮經濟遭到了災難性的大破壞，唐王朝從此一蹶不振。中唐到晚唐，藩鎮割據，宦官專權，官僚間朋黨相爭，愈演愈烈；農民失去土地，破產流亡，最終導致了農民起義。唐王朝終於在西元九〇七年滅亡。

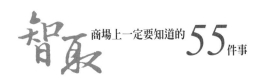

rule 54

借力打力，將計就計

在商業競爭中，順勢法是一種重要的方法，其外在的表現也是各種各樣的，其中借力打力，將計就計是一種常用的方式。

自本世紀六〇年代到七〇年代，ＩＢＭ公司一直控制著商用電腦的國際市場。面對這種局勢，日本通產省曾大聲疾呼，要求日本在半導體電腦領域趕上和超過美國。但是，日本電腦廠家覺得，與美國一些公司競爭並不是輕而易舉的事。

經過一番苦思後，日本的一些企業家動開了腦筋，他們覺得，如果能夠事先通過某種手段取得ＩＢＭ公司的新機種資料的話，這樣，就可以大大縮短趕上和超過美國的時間，於是，日本的一些商業間諜開始活動。

一九八〇年十一月，日立公司通過商業間諜，從ＩＢＭ公司一個名叫萊蒙·凱迪特的職員那裡，拿到了該公司新一代308X電腦絕密設計資料。這是一套具有重要價值的資料，一共二十七冊。然而，這一次日立公司只弄到了十冊。為了拿到另外的十七冊，日立公司繼續採取行動：由日立公司高級工程師林賢治出面，向與日立公司有業務往來的馬克斯維爾·佩里發去一份電報，請佩里設法搞到其餘的十七冊資料。

佩里曾經在IBM公司工作了二十三年，辭職前曾擔任公司先進電子電腦系統實驗室主任。他深知新機種資料的價值，同時也明確自己與公司的關係。因此，當他接到日立公司的電報後，立即將此事告訴了IBM公司。負責公司安全保衛工作的查理·卡拉漢普在美國聯邦調查局任過職，他聽了佩利的敘說後，決定將計就計，以間諜來反間諜。他讓佩里充當雙重間諜的角色，主動接近日立公司的林賢治，摸清情況，掌握日立公司的證據。同時，在聯邦調查局的參與下，還採取了誘捕的方法：由IBM公司宣佈，有兩名接觸絕密硬體、軟體、手冊等方面東西的高級職員即將退休，誘使日立公司向這兩名職員弄資料。

果然，日立公司上了鉤。一九八二年六月，聯邦調查局逮捕了日立公司前去拿情報資料的職員。日立公司竊取ＩＢＭ公司情報的證據被抓到，遭到起訴。一九八三年三月，舊金山法院判處櫻立公司林賢治一萬美元罰款，緩刑五年；參與此案的大西勇夫被罰款四千美元，緩刑兩年。並追回了竊取的全部資料。

日立公司以間諜計竊取機要，而ＩＢＭ公司卻用反間計，以其人之道還治其人之身的，結果使日立公司以慘敗告終，足見得ＩＢＭ公司計高一籌。以其人之道還治其人之身的謀略，就是在對對手的謀略有了充分的認識和了解的基礎上，然後佯順其意，在對手的計上用計，使對手墜入圈套，這是此謀略的核心之點。

借助他人，利用對方的計策達到自己的目的，這就是借力打力，將計就計法則。

由此可見，借助他人，完成自己所要辦的事情，既是辦事的具體表現，又是順勢辦事的一種方式。運用這種方式才能使他人自然而然的爲自己辦事。

rule 55 送到嘴邊的肥肉不亂吃

把假當真，全因為貪心。騙子就利用這一點，以假充真。這種情況，沒有別的防騙手段，不要貪心就可以了。

三月的一天，某縣政府民政局進來一位心急的老太太，警衛問她找何人，她氣喘吁吁地說：「我找周專員」。局裡只有一個姓周的，當周大姐出來以後，老太太一見她是女的，愣了半天，接著放聲大哭：「我的錢呀，我的八千塊錢呀！該死的騙子，我該怎麼辦呀？」

老太太一把鼻涕一把淚，弄得周大姐「丈二和尚摸不著頭」。聞訊趕來的民政局局長經過一再安撫、開導，老太太才說她姓江，是做小生意的，並講述了她被騙的經過。

兩天前的上午，江老太太在自家門前擺菸攤，一名年輕男子買了兩包「長壽」。她正搭訕著給男子找錢，這時又走過來一中年男子，買菸青年立即招呼他：「周專員，你公務忙嗎？」那個叫「周專員」的反問道：「志發，你最近在忙什麼？」

志發神秘地說：「周專員，我最近下了趟菲律賓，在珍珠養殖場弄到一顆特大珍珠。這顆珍珠起碼值兩萬元。現在我生意上急需要錢，一萬元錢出手，你要不要？」

「周專員」一本正經地搖了搖頭：「我們公務員不准做買賣，不然的話，十顆我都要了。轉一轉手就可賺幾千塊錢，誰不想幹。」

這時買菸的青年轉過來問江老太太：「老人家，你要不要這顆大珍珠？」老太太想說要，又不好意思，正在遲疑，那「周專員」發話了：「你小子這珍珠莫不是假的？」

「絕對不會是假的。」買菸青年說：「哪個敢騙你們民政局的喲，除非是活得不耐煩了。」

「你們看。」買菸青年打開了一個非常精緻的金絲絨盒子，裡面果然有一顆碩大圓潤的珍珠，「這顆珍珠在夜裡還能發光，是眞正的夜明珠。」他用手遮住四周的光線，那珍珠果然發出一點點閃爍的螢光。

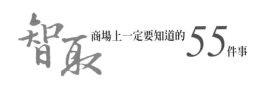

江老太太看得眼都花了。

「周專員」說：「不行，別是欺騙老人家吧？我們民政局是爲人民服務的，你敢不敢去鑒定一下？」

「好嘛，走就走！」買菸青年說。

「老人家，我爲你做好事做到底，我幫你鑒定，如果是眞的，你就要，是假的，就不要，我是民政局的，姓周，今後你有事可以找我。」「周專員」說著把工作證拿出來在老太太面前揚了揚。

可憐江老太太一字不識，看也是白看。老太太想，「有民政局的公務員幫我把關，這貨一定出不了問題。」於是她鎖上了菸櫃，跟著兩人去鑒定。

七彎八拐之後，他們來到一家店鋪前，「周專員」說：「這是我們民政局的鑒定點，我拿進去鑒定，你們在外邊等著。」

大約十分鐘後，「周專員」興高采烈地出來了：「志發，你小子沒假，這貨是眞的。」他轉身又對老太太說：「老人家，貨是眞的，你看要不要？」

「要！要！」老太太忙不迭地說。

「這樣吧，志發，」「周專員」又發話了，「一萬塊錢太貴了，能不能優惠老人家一點？」

老太太一聽，更是對「周專員」感謝得要命。

「好吧，看在周專員的面子上，減兩千元，要八千元，不能再少了，再少我就不賣了。」

「老人家，八千元你看怎麼樣？」「周專員」問老太太。

「好吧！八千就八千，不過，我的錢在家裡。」

「走吧，我們到你家裡去取。」

於是三人又返回到老太太家，老太太拿出七千元，又到鄰居家借了一千元，交給了買菸青年。青年也把夜明珠交給了老太太。

江老太太喜不自禁，一整天都在欣賞自己的「寶貝」。晚上，老伴、兒子都回來了，聽說後都覺得此事很蹊蹺。兒子第二天把「夜明珠」拿到珠寶店鑒定，結果哪裡是什麼夜明珠？原來是買菸青年使用的「魚目混珠」之計，把一個玻璃珠塗了一層含磷的銀白色粉末。老人家一聽，趕忙到民政局，欲找「周專員」評理。結果周大姐並不是她要找的那個中年男子「周專員」，於是有了開頭的一幕。

智取 商場上一定要知道的55件事

作　　者　孫廣春

發 行 人　林敬彬
主　　編　楊安瑜
統籌編輯　蔡穎如
責任編輯　汪　仁
內頁編排　翔美堂設計
封面設計　翔美堂設計

出　　版　大都會文化　行政院新聞局北市業字第89號
發　　行　大都會文化事業有限公司
110台北市信義區基隆路一段432號4樓之9
讀者服務專線：（02）27235216
讀者服務傳真：（02）27235220
電子郵件信箱：metro@ms21.hinet.net
網　　　　址：www.metrobook.com.tw

郵政劃撥　14050529　大都會文化事業有限公司
出版日期　2007年12月初版一刷
定　　價　220元

ISBN　978-986-6846-22-9
書　　號　Success-027

Metropolitan Culture Enterprise Co., Ltd.
4F-9, Double Hero Bldg., 432, Keelung Rd., Sec. 1,
Taipei 110, Taiwan
Tel:+886-2-2723-5216　Fax:+886-2-2723-5220
E-mail:metro@ms21.hinet.net
Web-site:www.metrobook.com.tw

大都會文化　METROPOLITAN CULTURE

國家圖書館出版品預行編目資料

智取 — 商場上一定一知道的55件事 / 孫廣春 著
. — 初版. — 臺北市 : 大都會文化, 2007.12
面 ;　公分. — (Success ; 27)
ISBN 978-986-6846-22-9 (平裝)
1. 職場成功法

494.35　　96020163

大都會文化　總書目

■度小月系列

路邊攤賺大錢【搶錢篇】	280元	路邊攤賺大錢2【奇蹟篇】	280元
路邊攤賺大錢3【致富篇】	280元	路邊攤賺大錢4【飾品配件篇】	280元
路邊攤賺大錢5【清涼美食篇】	280元	路邊攤賺大錢6【異國美食篇】	280元
路邊攤賺大錢7【元氣早餐篇】	280元	路邊攤賺大錢8【養生進補篇】	280元
路邊攤賺大錢9【加盟篇】	280元	路邊攤賺大錢10【中部搶錢篇】	280元
路邊攤賺大錢11【賺翻篇】	280元	路邊攤賺大錢12【大排長龍篇】	280元

■DIY系列

路邊攤美食DIY	220元	嚴選台灣小吃DIY	220元
路邊攤超人氣小吃DIY	220元	路邊攤紅不讓美食DIY	220元
路邊攤流行冰品DIY	220元	路邊攤排隊美食DIY	220元

■流行瘋系列

跟著偶像FUN韓假	260元	女人百分百：男人心中的最愛	180元
哈利波特魔法學院	160元	韓式愛美大作戰	240元
下一個偶像就是你	180元	芙蓉美人泡澡術	220元
Men力四射：型男教戰手冊	250元	男體使用手冊：35歲+♂保健之道	250元
想分手？這樣做就對了！	180元		

■生活大師系列

遠離過敏：打造健康的居家環境	280元	這樣泡澡最健康： 紓壓、排毒、瘦身三部曲	220元
兩岸用語快譯通	220元	台灣珍奇廟：發財開運祈福路	280元
魅力野溪溫泉大發見	260元	寵愛你的肌膚：從手工香皂開始	260元
舞動燭光：手工蠟燭的綺麗世界	280元	空間也需要好味道： 打造天然香氛的68個妙招	260元
雞尾酒的微醺世界： 調出你的私房Lounge Bar風情	250元	野外泡湯趣： 魅力野溪溫泉大發見	260元
肌膚也需要放輕鬆： 徜徉天然風的43項舒壓體驗	260元	辦公室也能做瑜珈： 上班族的紓壓活力操	220元
別再說妳不懂車： 男人不教的Know How	249元	一國兩字：兩岸用語快譯通	200元
宅典	288元		

■寵物當家系列

Smart養狗寶典	380元	Smart養貓寶典	380元
貓咪玩具魔法DIY： 讓牠快樂起舞的55種方法	220元	愛犬造型魔法書： 讓你的寶貝漂亮一下	260元
漂亮寶貝在你家：寵物流行精品DIY	220元	我的陽光・我的寶貝：寵物真情物語	220元
我家有隻麝香豬：養豬完全攻略	220元	SMART養狗寶典（平裝版）	250元
生肖星座招財狗	200元	SMART養貓寶典（平裝版）	250元
SMART養兔寶典	280元	熱帶魚寶典	350元

■人物誌系列

現代灰姑娘	199元	黛安娜傳	360元
船上的365天	360元	優雅與狂野：威廉王子	260元
走出城堡的王子	160元	殞逝的英格蘭玫瑰	260元
貝克漢與維多利亞：新皇族的真實人生	280元	幸運的孩子：布希王朝的真實故事	250元
瑪丹娜：流行天后的真實畫像	280元	紅塵歲月：三毛的生命戀歌	250元
風華再現：金庸傳	260元	俠骨柔情：古龍的今生今世	250元
她從海上來：張愛玲情愛傳奇	250元	從間諜到總統：普丁傳奇	250元
脫下斗篷的哈利：丹尼爾・雷德克里夫	220元	蛻變：章子怡的成長紀實	260元
強尼戴普：可以狂放叛逆，也可以柔情感性	280元	棋聖 吳清源	280元

■心靈特區系列

每一片刻都是重生	220元	給大腦洗個澡	220元
成功方與圓：改變一生的處世智慧	220元	轉個彎路更寬	199元
課本上學不到的33條人生經驗	149元	絕對管用的38條職場致勝法則	149元
從窮人進化到富人的29條處事智慧	149元	成長三部曲	299元
心態：成功的人就是和你不一樣	180元	當成功遇見你：迎向陽光的信心與勇氣	180元
改變，做對的事	180元	智慧沙	199元
課堂上學不到的100條人生經驗	199元	不可不防的13種人	199元
不可不知的職場叢林法則	199元	打開心裡的門窗	200元
不可不慎的面子問題	199元	交心：別讓誤會成為拓展人脈的絆腳石	199元
方圓道	199元	12天改變一生	220元

■SUCCESS系列

七大狂銷戰略	220元
超級記憶術：改變一生的學習方式	199元
搞什麼行銷：152個商戰關鍵報告	220元
人脈=錢脈：改變一生的人際關係經營術	180元
搶救貧窮大作戰の48條絕對法則	220元
絕對中國製造的58個管理智慧	200元
殺出紅海：漂亮勝出的104個商戰奇謀	220元
商戰奇謀36計：現代企業生存寶典 II	180元
幸福家庭的理財計畫	250元
有錢真好：輕鬆理財的十種態度	200元
我在華爾街的日子	220元
買單！一次就搞定的談判技巧	199元
與失敗有約：13張讓你遠離成功的入場券	220元
智取—商場上一定要知道的55件事	220元
打造一整年的好業績	200元
管理的鋼盔：商戰存活與突圍的25個必勝錦囊	200元
精明人總明人明白人：態度決定你的成敗	200元
週一清晨的領導課	160元
搜驚．搜精．搜金：從Google的致富傳奇中，你學到了什麼？	199元
客人在哪裡？：決定你業績倍增的關鍵細節	200元
商戰奇謀36計：現代企業生存寶典 I	180元
商戰奇謀36計：現代企業生存寶典 III	180元
巨賈定律：商戰奇謀36計	498元
創意決定優勢	180元
贏在關係：勇闖職場的人際關係經營術	180元
你在說什麼？：39歲前一定要學會的66種溝通技巧	220元
職場AQ—激化你的工作DNA	220元

■都會健康館系列

秋養生：二十四節氣養生經	220元
夏養生：二十四節氣養生經	220元
春夏秋冬養生套書	699元
地中海纖體美人湯飲	220元
病由心生：365天的健康生活方式	220元
春養生：二十四節氣養生經	220元
冬養生：二十四節氣養生經	220元
寒天：0卡路里的健康瘦身新主張	200元
居家急救百科	399元

■CHOICE系列

入侵鹿耳門	280元	蒲公英與我：聽我說說畫	220元
入侵鹿耳門（新版）	199元	舊時月色（上輯＋下輯）	各180元
清塘荷韻	280元	飲食男女	200元

■FORTH系列

印度流浪記：滌盡塵俗的心之旅	220元	胡同面孔：古都北京的人文旅行地圖	280元
尋訪失落的香格里拉	240元	今天不飛：空姐的私旅圖	220元
紐西蘭奇異國	200元	從古都到香格里拉	399元
馬力歐帶你瘋台灣	250元	瑪杜莎艷遇鮮境	180元

■大旗藏史館

大清皇權遊戲	250元	大清后妃傳奇	250元
大清官宦沉浮	250元	大清才子命運	250元
開國大帝	220元	圖說歷史故事：先秦	250元
圖說歷史故事：秦漢魏晉南北朝	250元	圖說歷史故事：隋唐五代兩宋	250元
圖說歷史故事：元明清	250元	中華歷代戰神	220元
圖說歷史故事全集	880元	人類簡史—我們這三百萬年	280元

■大都會運動館

野外求生寶典： 活命的必要裝備與技能	260元	攀岩寶典： 安全攀登的入門技巧與實用裝備	260元
風浪板寶典： 駕馭的駕馭的入門指南與技術提升	260元	登山車寶典： 鐵馬騎士的駕馭技術與實用裝備	260元
馬術寶典：騎乘要訣與馬匹照護	350元		

■大都會休閒館

賭城大贏家：逢賭必勝祕訣大揭露 240元

旅遊達人：行遍天下的109個Do&Don't 250元

萬國旗之旅 240元

■大都會手作館

樂活，從手作香皂開始 220元

Home Spa & Bath：玩美女人肌膚的水嫩體驗 250元

■BEST系列

人脈=錢脈：改變一生的人際關係經營術（典藏精裝版） 199元

超級記憶術：改變一生的學習方式 220元

■FOCUS系列

中國誠信報告 250元

中國誠信的背後 250元

誠信：中國誠信報告 250元

■禮物書系列

印象花園 梵谷 160元

印象花園 莫內 160元

印象花園 高更 160元

印象花園 竇加 160元

印象花園 雷諾瓦 160元

印象花園 大衛 160元

印象花園 畢卡索 160元

印象花園 達文西 160元

印象花園 米開朗基羅 160元

印象花園 拉斐爾 160元

印象花園 林布蘭特 160元

印象花園 米勒 160元

絮語說相思 情有獨鍾 200元

■BEST系列

人脈＝錢脈：改變一生的人際關係經營術(典藏精緻版)	199元
超級記憶術：改變一生的學習方式	220元

■工商管理系列

二十一世紀新工作浪潮	200元
化危機為轉機	200元
美術工作者設計生涯轉轉彎	200元
攝影工作者快門生涯轉轉彎	200元
企劃工作者動腦生涯轉轉彎	220元
電腦工作者滑鼠生涯轉轉彎	200元
打開視窗說亮話	200元
文字工作者撰錢生活轉轉彎	220元
挑戰極限	320元
30分鐘行動管理百科(九本盒裝套書)	799元
30分鐘教你自我腦內革命	110元
30分鐘教你樹立優質形象	110元
30分鐘教你錢多事少離家近	110元
30分鐘教你創造自我價值	110元
30分鐘教你Smart解決難題	110元
30分鐘教你如何激勵部屬	110元
30分鐘教你掌握優勢談判	110元
30分鐘教你如何快速致富	110元
30分鐘教你提昇溝通技巧	110元

■精緻生活系列

女人窺心事	120元
另類費洛蒙	180元
花落	180元

■CITY MALL系列

別懷疑！我就是馬克大夫	200元	愛情詭話	170元
唉呀！真尷尬	200元	就是要賴在演藝圈	180元

■親子教養系列

孩童完全自救寶盒（五書+五卡+四卷錄影帶）	3,490元（特價2,490元）
孩童完全自救手冊：這時候你該怎麼辦（合訂本）	299元
我家小孩愛看書:Happy 學習 easy go!	220元
天才少年的5種能力	280元
哇塞！你身上有蟲！：學校忘了買、老師不敢教，史上最髒的科學書	250元

關於買書：

1.大都會文化的圖書在全國各書店及誠品、金石堂、何嘉仁、搜主義、敦煌、紀伊國屋、諾貝爾等連鎖書店均有販售，如欲購買本公司出版品，建議你直接洽詢書店服務人員以節省您寶貴時間，如果書店已售完，請撥本公司各區經銷商服務專線洽詢。
北部地區：(02)29007288　桃竹苗地區：(03)2128000　中彰投地區：(04)27081282
雲嘉地區：(05)2354380　臺南地區：(06)2642655　高雄地區：(07)3730087

2.到以下各網路書店購買：
大都會文化網站（ http://www.metrobook.com.tw）
博客來網路書店（ http://www.books.com.tw）
金石堂網路書店（ http://www.kingstone.com.tw）

3.到郵局劃撥：
戶名：大都會文化事業有限公司　　帳號：14050529

4.親赴大都會文化買書可享8折優惠。

智取

商場上一定要知道的55件事

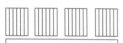

北區郵政管理局
登記證北台字第9125號
免貼郵票

大都會文化事業有限公司
讀者服務部收

110 台北市基隆路一段432號4樓之9

寄回這張服務卡（免貼郵票）
您可以：
◎不定期收到最新出版訊息
◎參加各項回饋優惠活動

大都會文化 讀者服務卡

書名：智取—商場上一定要知道的55件事

謝謝您選擇了這本書！期待您的支持與建議，讓我們能有更多聯繫與互動的機會。
日後您將可不定期收到本公司的新書資訊及特惠活動訊息。

A.您在何時購得本書：_____年_____月_____日

B.您在何處購得本書：__________書店，位於__________(市、縣)

C.您從哪裡得知本書的消息：1.□書店 2.□報章雜誌 3.□電台活動 4.□網路資訊
5.□書籤宣傳品等 6.□親友介紹 7.□書評 8.□其他__________

D.您購買本書的動機：（可複選）1.□對主題或內容感興趣 2.□工作需要 3.□生活需要
4.□自我進修 5.□內容為流行熱門話題 6.□其他__________

E.您最喜歡本書的（可複選）： 1.□內容題材 2.□字體大小 3.□翻譯文筆 4.□ 封面
5.□編排方式 6.□其他

F.您認為本書的封面：1.□非常出色 2.□普通 3.□毫不起眼 4.□其他__________

G.您認為本書的編排：1.□非常出色 2.□普通 3.□毫不起眼 4.□其他__________

H.您通常以哪些方式購書：(可複選)1.□逛書店 2.□書展 3.□劃撥郵購 4.□團體訂購
5.□網路購書 6.□其他__________

I.您希望我們出版哪類書籍：（可複選）
1.□旅遊 2.□流行文化 3.□生活休閒 4.□美容保養 5.□散文小品
6.□科學新知 7.□藝術音樂 8.□致富理財 9.□工商企管 10.□科幻推理
11.□史哲類 12.□勵志傳記 13.□電影小說 14.□語言學習（ 語）
15.□幽默諧趣 16.□其他__________

J.您對本書(系)的建議：__________

____

K.您對本出版社的建議：__________

____

讀者小檔案

姓名：__________ 性別：□男 □女 生日：_____年_____月_____日

年齡：□20歲以下□21～30歲□31～40歲□41～50歲□51歲以上

職業：1.□學生 2.□軍公教 3.□大眾傳播 4.□ 服務業 5.□金融業 6.□製造業
7.□資訊業 8.□自由業 9.□家管 10.□退休 11.□其他 __________

學歷：□ 國小或以下 □ 國中 □ 高中／高職 □ 大學／大專 □ 研究所以上

通訊地址 __________

電話：（H）__________（O）__________傳真：__________

行動電話：__________ E-Mail：__________

❖謝謝您購買本書，也歡迎您加入我們的會員，請上大都會網站www.metrobook.com.tw 登錄您的資料。您將不定期收到最新圖書優惠資訊和電子報。

大都會文化
METROPOLITAN CULTURE

大都會文化
METROPOLITAN CULTURE